AF156660

UNWRITTEN

Karo Kauer mit Nina Dias da Silva

Unwritten

Wie ich meine Marke erfolgreich aufbaute
und dabei ich selbst blieb

Für meine Mama
Weil sie mir mit ihrer bedingungslosen Unterstützung
ein unabhängiges Leben ermöglicht hat,
wenngleich sie für sich selbst diese Möglichkeit nie hatte.

Inhalt

Vorwort

Schon in meiner Abizeitung damals hieß es über mich: „Das Ausmaß ihres Kleiderschranks möchte ich gar nicht wissen."

Ich möchte nicht sagen, dass es sich dabei um eine glatte
Lüge handelte, aber um eine Übertreibung auf jeden Fall. Denn
die Ausmaße meines Schrankes waren damals nicht sonderlich
groß – sondern einfach geschickt ausgenutzt. Wer nicht viel hat,
weiß aus dem, was er besitzt, viel zu machen. Vielleicht ist genau
das das Geheimnis dahinter. Ich stamme aus einfachen Verhältnissen, meine Eltern sind damals aus Polen nach Deutschland
gekommen und haben sich hier ein ganz neues Leben aufbauen
müssen. Eine Geschichte, die tausendfach so erlebt wurde, und
all diese Leute wissen: Viel blieb da nicht übrig. Und auch hier
gilt, dass man mit dem wenigen arbeitet, das man hat. Bei mir
war das mein unbedingter Wille. Der Wille, meinen Eltern nicht
auf der Tasche zu liegen. Der Wille, mir dennoch Sachen leisten
zu können, die mir gefielen. Und der Wille, mein eigenes Geld
zu verdienen.

Ich war fünfzehn Jahre alt, als ich mir meinen ersten Nebenjob suchte. Ich bin mit ausgedruckten Lebensläufen durch die Göppinger Innenstadt gelaufen und habe mich in zahlreichen Boutiquen und Cafés vorgestellt. Bis irgendwann jemand Ja gesagt hat. Mit meinem ersten Job in der Tasche wusste ich, dass ich nun das Geld hatte, mir selbst Dinge zu kaufen. Mir war aber auch klar, dass es sich dabei nicht um unendlich viel Geld handelte. Ich musste mir also gut überlegen, für was ich meinen teuer verdienten Lohn ausgab. In diesem Moment entwickelte ich für mich die Idee der *Capsule Wardrobe,* wenn man so will.

Meine Affinität, vielmehr noch meine Leidenschaft und Passion für Mode, waren schon immer da. Ich nutzte das volle, wenn auch geringe Ausmaß meines Kleiderschranks, ich hatte Freude daran, neue Kombinationen und Looks auszuprobieren und mich durch Mode immer wieder neu zu erfinden und zu definieren. Ich konnte schon seit jeher meine Stimmungen durch Outfits ausdrücken. Bei wichtigen Entscheidungen oder Ereignissen, die mich etwas nervös werden lassen, trage ich Kombinationen, in denen ich mich stark und selbstsicher fühle. Brauche ich an einem grauen Tag mehr Leichtigkeit, stelle ich mir einen etwas verspielteren Look zusammen. Und wenn ich vor lauter To-dos manchmal nicht weiß, wo mir der Kopf steht, dann trage ich ein absolutes *Karöl*-Outfit. Eines, das mich bei jedem beiläufigen Blick in den Spiegel daran erinnert, wer ich bin.

Und dann kam das Jahr 2014. Das Jahr, in dem ich die vielleicht wichtigste Entscheidung meines Lebens traf: Instagram.

Instagram startete für mich als eine Art Tagebuch. Täglich postete ich dort meine Outfits und hatte so eine stetig wachsende Galerie mit verschiedenen Looks, die ich kreiert hatte. Und auch, wenn ich diese Fotos damals mehr schlecht als recht aufgenommen und ohne großen Anspruch an Ästhetik oder Ausleuchtung gepostet habe, wurde das klassische Spiegelselfie zu so was wie meinem Wiedererkennungsmerkmal. Schon mit den ersten paar Followern wurde mir klar, dass ich meine Posts nicht nur für mich machte. Von Anfang an verspürte ich eine ganz besondere Freude bei dem Gedanken, andere inspirieren zu können, wenn diese mal ratlos vor ihrem Kleiderschrank standen.

Hatte ich damals eine Vorstellung davon, wie sich dadurch mein Leben verändern würde? Natürlich nicht. Nicht einmal den leisesten Hauch, wirklich.

Alles, was ich gemacht habe, war, meinen Spaß an und mit Mode dort auszudrücken.

Schnell summierte sich die Zahl meiner Follower und wuchs ständig weiter. Dabei hatte ich keinen konkreten Plan, kein erklärtes Ziel oder eine Idee davon, wo ich hinwollte. Ich wollte einfach meine *OOTDs* – meine Outfits Of The Day – posten und mich darüber freuen, dass ich so viele Menschen mit meinem Faible für Mode und meinen Kreationen inspirieren konnte.

Natürlich folgte ich damals auch den großen Influencerinnen wie Caro Daur oder Farina Opoku. Beide hatten damals etwa fünfzehntausend Follower. Heute eine vergleichsweise geringe Zahl, doch heute wie damals bildeten sie damit den Olymp der deutschen Influencerszene. Ich folgte ihren Profilen, ich mochte ihren Content und likte ihre Bilder. Dass Instagram auch ein Beruf, ja ein ganz eigenes Business sein konnte, dass Caro und auch Farina ihr Geld damit verdienten – glaubt ihr, auf die Idee bin ich mal gekommen? Nein.

Bis ich zum ersten Mal eine Kooperationsanfrage in meinem Postfach hatte. Knapp fünftausend Leute folgten mir damals. Ausreichend viele für ein damaliges Start-up aus Hamburg, das Mützen und Schals produzierte. Ich erinnere mich, als sei es gestern gewesen, dass sie mir schrieben, ich könne mir je drei Mützen und drei Schals aussuchen. Ich müsste dann nur ein Foto mit den Produkten posten. Fast fieberhaft habe ich nach dem Kleingedruckten gesucht, nach dem Haken an der Sache. Denn wieso sollte mir eine Brand einfach so ihre Produkte schenken? Ganz umsonst?

Erst als einige Zeit später der Karton mit den von mir ausgesuchten Mützen und Schals ankam, machte es so langsam klick. Diese Brand bucht ein Bild, ein Post von mir, und bezahlt mich mit ihrem Produkt. Ich wusste immer noch nicht so genau, was ich da eigentlich machte oder wo ich da nun reinrutschte. Aber ich wusste, ich bekomme Produkte umsonst. Auch wenn mir Erkenntnisse über Businessmöglichkeiten oder -strategien zum damaligen Zeitpunkt fehlten, so wusste ich dafür eines: Mein Content musste sich ändern. Mein Anspruch musste sich ändern. Ich wollte einen Mehrwert schaffen, unabhängig von mir oder meinem Spiegelselfie. Denn nun postete ich nicht mehr nur für die Leute, die mir folgten. Sondern auch für die Leute, die mir ihre Produkte schickten. Und dieses Vertrauen wollte ich auf keinen Fall enttäuschen!

Ich tauschte das Handy gegen eine richtige Kamera und den Spiegel gegen ein gewähltes Setting. Meine Ambitionen stiegen, der Anspruch an mich ebenso. Das spiegelte sich in der Qualität meiner Bilder und Postings wider – und den wachsenden Zahlen meines Accounts.

Der zweite, wirklich wichtige Aha-Moment in meinen Anfängen war der, als ich gelernt habe, dass Instagram nicht nur ein reiner Tauschhandel ist. Es muss so 2017 gewesen sein, als ich auf einem Influencer-Event in Stuttgart war. Zum damaligen Zeitpunkt hatte ich fünfundzwanzigtausend Follower. Selbst für heutige Verhältnisse ist das eine hohe Zahl, mit der man als Creator arbeiten und von der man leben kann. Zur damaligen Zeit war diese Zahl noch krasser – und ich hatte immer noch keine Ahnung von dem Wert, auf dem ich da saß. Damals war ich auch viel als Mamabloggerin unterwegs, die Kinder waren noch in meinem Content zu sehen und meine Themen drehten sich viel ums Muttersein. Auf dieser Veranstaltung hatte ich eine andere Influencermama getroffen und ohne sie würde ich vielleicht bis heute Produkte gegen Postings tauschen. Denn sie fragte mich, was ich bei meinen Kooperationspartner:innen für einen Post nehmen würde. Ich antwortete, dass ich natürlich die Produkte umsonst bekam. „Das meine ich nicht", sagte sie, „wie viel lässt du dir für deine Posts bezahlen?"

Ich weiß nicht, auf wessen Gesicht größeres Entsetzen lag: auf meinem, weil ich allein den Gedanken daran, Geld für Postings zu nehmen, superunverschämt fand. Ich meine, ich bekam ja schon die Produkte und das waren nicht mehr nur Mützen oder Schals, sondern auch hochwertigere Gegenstände wie Uhren oder Schmuck! Oder auf ihrem, als ihr klar wurde, dass ich bis zu diesem Zeitpunkt völlig ahnungslos gewesen war.

Ich antwortete, dass ich kein Geld nahm, da ja die Produkte schon einen immensen Wert hatten. Nach einem kurzen Zögern stellte ich die Frage an sie zurück und sie erklärte, dass sie für jeden Post zweihundertfünfzig Euro bekam. Ihr könnt euch das vielleicht nicht vorstellen, weil sowohl Influencer als auch Instagram als Business inzwischen so etabliert wie selbstverständlich sind. Aber damals öffnete sich mit diesem Gespräch eine völlig neue Welt für mich. In der Zeit, in der dieses Event stattfand, zu dem ich als Influencerin offiziell eingeladen worden war, hatte ich noch zwei Nebenjobs – ich kellnerte und arbeitete im Solarium, wo ich zweimal die Woche Sonnenbänke putzte. Für diese beiden Jobs bekam ich knapp fünfhundert Euro im Monat und nun stand da diese Frau, die im Prinzip das Gleiche auf Instagram machte wie ich und erzählte mir, dass sie für jeden Post die Hälfte von dem bekam, was ich in einem Monat in meinen Nebenjobs verdiente.

Ich bin ganz ehrlich: Ich brauchte eine Weile, um das alles zu verarbeiten. Denn für mich war das so viel Geld dafür, dass man doch nur das machte, was man sowieso tat. Ich würde so oder so meine Posts online stellen und nun konnte ich dafür Geld verlangen?

Einige Wochen später erhielt ich meine nächste Kooperationsanfrage und damit meine Chance, dieses neue Wissen direkt auszuprobieren. Eine Brand wollte, dass ich ihre Handyhüllen bewerbe. Natürlich traute ich mich nicht, zweihundertfünfzig Euro für einen Post verlangen, denn ganz konnte ich das Gefühl von Unverschämtheit noch nicht ablegen. Ich entschied mich für einen Preis von achtzig Euro, schrieb ein Angebot, schickte es raus und wartete zitternd auf die Rückmeldung. Noch bevor ich die Antwort der Brand erhielt, wusste ich, dass das hier ein Wendepunkt sein könnte. Zum ersten Mal, seit ich auf Instagram aktiv war, war mir in diesem Moment ganz bewusst, was hier passierte und welche Chance das war. Wenige Stunden später hatte ich die Zusage.

Dieses Jahr habe ich mein zehnjähriges Jubiläum. 2014, vor genau zehn Jahren, postete ich mein erstes Spiegelselfie auf Instagram. Zehn Jahre sind eine so lange Zeit, ein ganzer Lebensabschnitt, dann doch wieder nur ein Wimpernschlag. Mit Sicherheit sind zehn Jahre aber eine Zeit, die sich nicht greifen lässt. So zumindest geht es mir. Denn wenn ich nur versuche, mir vorzustellen, was in den vergangenen zehn Jahren alles passiert ist, raucht mir der Kopf. Und dennoch habe ich genau das getan. Habe versucht, mich an alles zu erinnern, die prägenden Erlebnisse, die stillen Erkenntnisse, das Auf und Ab und alles, was mich geformt hat. Die letzten zehn Jahre sind nicht weniger als das, was mich zu der Karo hat werden lassen, die ich heute bin. Ich habe vieles gelernt, bin an manchem gescheitert, manchmal verzweifelt, aber immer gewachsen. Ich muss lachen, wenn ich darüber nachdenke, wie blauäugig ich damals in dieses ganze Influencerdasein gestolpert bin. Ganz ohne Plan, aber immer mit viel Leidenschaft und einem richtig guten Bauchgefühl. Ich glaube, dass ich großes Glück hatte, weil ich damals einfach zur richtigen Zeit das Richtige gemacht habe. Ich habe einen Nerv getroffen, einen Trend mitgestaltet und aus diesem Grund sind so viele Menschen auf mich aufmerksam geworden und mir gefolgt. Und wenn man sich an einem völlig wahllosen Tag im Jahr 2014 dazu entscheidet, ein Selfie bei Instagram zu posten, weil einem das eigene Outfit ganz gut gefällt, und man sich dann rückblickend diese Entwicklung ansieht, die das alles genommen hat, dann kann das nichts anderes als reines Glück sein. Davon bin ich fest überzeugt.

Doch wer bin ich denn eigentlich geworden in den letzten zehn Jahren? Wer bin ich als Mutter, als Unternehmerin, als Influencerin und einfach als Karo? Keine dieser Fragen ist leicht zu beantworten und manchmal braucht es ein ganzes Buch dafür. So eines wie dieses hier beispielsweise. Mein Leben hat ein unglaubliches Tempo und oftmals passieren so große wie unglaubliche Dinge, die ich gar nicht richtig greifen kann. Und wenn ich später darüber nachdenke, steht schon die nächste unfassbare Sache an.

Doch wann, wenn nicht am eigenen Jubiläum, sollte man sich die Zeit nehmen und innehalten? Eben. Ich habe ein gesamtes Jahrzehnt Revue passieren lassen. Dabei herausgekommen sind zehn Learnings, die ich aus den vergangenen Jahren mitgenommen habe. Denn: Heute mag das Ausmaß meines Kleiderschrankes größer sein als zu meiner Abizeit. Aber im Kern steht da immer noch Karo, die aus nicht viel das Allermeiste machen will.

Intuition

Wenn alle Nein sagen, aber dein Bauch Ja – dann hör auf deinen Bauch.

Wie so oft im Leben sind aller guten Dinge drei. So natürlich auch auf den Entwicklungsstufen meines Influencerdaseins. Denn nachdem ich gerade gelernt hatte, wie hoch mein Wert war, lautete meine nächste Lektion: auf meinen Bauch zu hören. Das ist eine Eigenschaft, die ich im Prinzip schon immer hatte. Doch es ist eine Sache, das eigene Bauchgefühl wahrzunehmen. Und eine gänzlich andere, auch darauf zu hören.

Etwa 2018 kam die Anfrage eines schwedischen Fashionlabels in mein Postfach geflattert. Eine Kooperation, die mir verdeutlichen sollte, wie unglaublich meine Community war. Inzwischen hatte ich das Prozedere heraus und schickte auf eine Anfrage immer mein angepasstes Angebot. So auch dieses Mal. Ich wartete auf die Antwort, ob sie mit meinem Preis einverstanden waren oder nicht. Doch zu meiner großen Überraschung beinhaltete die Antwortmail keine Zu- oder Absage, sondern die Information, dass sie Influencer nicht per Festpreis bezahlten, sondern auf Provisionsbasis arbeiteten. Ich stimmte sofort zu – ohne zu wissen, wie das Ganze ablaufen sollte und ob ich überhaupt etwas damit verdienen würde. Denn irgendwas an dem Auftrag löste große Begeisterung in mir aus.

Der Ablauf der Zusammenarbeit gestaltete sich wie folgt: Ich bestellte die Kleidung, die mir persönlich gefiel, und postete diese in einem klassischen Haul vor dem Spiegel – natürlich nicht, ohne ganz genau zu zeigen, was mich an dem jeweiligen Teil begeisterte, was es für mich besonders machte oder wie ich es kombinierte. Von dem gesamten Abverkauf, der über diese Posts generiert wurde, erhielt ich Prozente. Ich filmte also und postete und wartete im Anschluss gespannt auf die Auswertung dieser Aktion. In diesem Moment hatte ich absolut kein Bauchgefühl, so etwas in der Art hatte ich ja noch nie gemacht. Und ich war auch noch nie so auf die Kaufkraft und das Engagement meiner Follower:innen angewiesen. Es lässt sich also ganz frei und ehrlich sagen, dass ich absolut keine Ahnung hatte, wie die Aktion laufen würde. Von einem Erfolg wagte ich gar nicht zu träumen, ich hoffte nur, dass es kein kompletter Reinfall werden würde.

Ich saß gerade im Auto und war auf dem Weg zu einer Messe in München, als endlich die langersehnte Nachricht auf meinem Handy aufploppte. Meine Kooperationspartner hatten die Aktion fertig ausgewertet und die Zahl, die sie in diese Nachricht geschrieben hatten, war hoch. Richtig hoch.

Ich bin reich!, war mein erster Gedanke.

Dass das der Umsatz sein musste, den ich mit der Aktion generiert hatte, lautete der zweite, und ich fragte zur Sicherheit noch einmal nach. Als mein Handy die nächste Nachricht ankündigte, hätte ich vor Schreck fast einen Unfall gebaut. Denn ich lag völlig falsch. Dieser Betrag war nicht der generierte Umsatz, sondern nur meine Provision.

Oh mein Gott, ich bin wirklich reich!, war mein dritter und erst einmal letzter Gedanke, da zahlreiche Glückshormone meinen Körper fluteten. Die Aktion war so erfolgreich gelaufen, dass ich auf einen Schlag so viel Geld verdient hatte, wie ich es mir nie erträumt hätte.

Die Zusammenarbeit mit dem schwedischen Onlinehandel ging erfolgreich weiter, Haul um Haul. Das Lustige ist, dass meine Hauls so erfolgreich waren, dass ich irgendwann einfach zu teuer wurde und sie mich ab dann doch zu meinem Fixpreis bezahlten.

Irgendwann meldeten sie sich mit einer besonderen Challenge bei mir. Zwei Influencerinnen sollten gegeneinander antreten, jede designte zwei Kleidungsstücke, die jeweils eintausend Mal produziert wurden. Die Influencerin, die es schaffte, ihre Pieces als Erste auszuverkaufen, würde eine ganze Kollektion in Zusammenarbeit mit dem Label gewinnen.

Neben der Frage nach dem Was interessierte mich natürlich die Frage nach dem Wer: Wer würde meine Konkurrentin sein? Als ich ihren Namen hörte, fiel ich fast vom Stuhl. Denn sie war bekannt, weitaus bekannter als ich. Ich hatte zu dem damaligen Zeitpunkt fünfzigtausend Follower bei Instagram. Sie eine Million bei YouTube.

Alle Influencerinnen, die ich damals kannte und denen ich von dieser Challenge erzählte, rieten mir davon ab. Die andere Influencerin sei zu groß – wir sprachen hier immerhin von einer Million Follower. Eine Million – das Wort muss man sich nur mal auf der Zunge zergehen lassen. Ich hätte keine Chance gegen sie und würde nicht nur verlieren, sondern auch Gefahr laufen, meinen Namen zu verbrennen. All diese Meinungen und gut gemeinten Ratschläge hörte ich mir an. Und dann vertraute ich auf meinen Bauch. Und wisst ihr, was der sagte? Er sagte: Mach. Ganz simpel, ganz ruhig, gänzlich überzeugt.

Also entschied ich mich entgegen allen Ratschlägen dazu, an der Challenge teilzunehmen. Es ging mir primär gar nicht ums Gewinnen. Ich wollte die Möglichkeit wahrnehmen, zwei Kleidungsstücke zu designen und in die Welt zu bringen. Denn wer konnte das schon von sich behaupten?

Ich entschied mich dazu, zwei Cardigans zu designen, einen in Grau und einen in Rosa. Natürlich begleitete ich den gesamten Prozess auf Insta und ließ meine Community an der Entwicklung teilhaben.

Endlich war der Tag da, auf den es wirklich ankam: der Drop. Meine beiden Cardigans gingen online, der Verkauf startete und war schon wenige Minuten später wieder vorbei. Denn ich war ausverkauft. Restlos ausverkauft. In diesem Moment wurde mir vielleicht zum ersten Mal bewusst, welch guter Kompass mein Bauch eigentlich war. Meine Influencerkolleginnen hatten absolut recht gehabt mit ihren Bedenken und ich hätte jemanden, der mit derselben Frage zu mir gekommen wäre, wohl genauso beraten wie sie mich. Dennoch hatte ich meiner Intuition vertraut und sie hatte mich bestätigt. Und kurze Zeit später würde sie sich wieder bei mir melden.

Zur selben Zeit lernte ich auch den Unterschied kennen zwischen dem Gefühl, sich mit etwas nicht wirklich identifizieren zu können, und dem Wissen, dennoch am richtigen Ort zu sein. Das klingt im ersten Moment widersprüchlich und des Öfteren hat es sich auch so angefühlt. Glaubt mir, ich war mehr als einmal kurz davor, alles hinzuwerfen und die Social-Media-Welt wieder zu verlassen. Denn in dieser Welt wird der Wert einer Person an ihren Followerzahlen gemessen. Eine Eigenschaft, die nicht weiter von meinen persönlichen Werten entfernt sein könnte! Aber ich habe mich nie zurückgezogen, sondern mich immer wieder für Social Media entschieden. Doch was genau war eigentlich passiert? Die Challenge war erfolgreich gelaufen und als großes Finale feierte das Unternehmen die Eröffnung eines Pop-up-Shops. Besonderes Highlight: ein Meet & Greet mit der anderen Influencerin und mir. Man muss sich das so vorstellen, dass mit Absperrkordeln zwei separate Wege aufgebaut waren: einen, der zu ihrem Tisch führte, und einen, der zu mir führte. Schon vor Ladenöffnung standen ihre Fans an und warteten darauf, ihr Idol zu treffen. Bei mir hingegen hat sich den ganzen Tag über keine richtige Schlange gebildet. Es warteten keine Scharen darauf, ein Foto mit mir zu machen. Nein, bei mir kamen immer wieder Frauen vorbei, Mütter mit Kinderwagen, Töchter, Schwestern, Freundinnen. Ich konnte mir Zeit für jede einzelne Person nehmen und jede dieser Personen wollte sich Zeit für mich nehmen. Wir plauderten ganz gemütlich, erzählten uns Geschichten und lachten miteinander. In aller Ruhe. Ich bin ganz ehrlich: Ich beneidete die andere Influencerin in diesem Moment kein Stück. Natürlich waren viel mehr Menschen gekommen, um sie zu sehen. Aber ich hatte die Chance, meine Follower:innen für einen Moment wirklich kennenzulernen. Da ging es ganz schnell nicht mehr um Influencerin und Followerin, sondern um Karo und Anna. Oder Melanie. Oder Lisa. Einfach um Menschen, die gleiche Interessen haben, diese virtuell miteinander teilen und für einen Moment auch analog, im echten Leben. Und das waren ganz besondere Augenblicke für mich, die mir eines bewusst gemacht haben: Zahlen interessieren mich am Ende des Tages gar nicht. Die Menschen hinter den Zahlen hingegen sehr.

Innerhalb eines Tages wurde mir bewusst, dass meine Community anders ist. Dass ich mich auf sie verlassen kann. Dass fünfzigtausend Menschen mehr ausmachen als eine Million. Und mir wurde klar, dass ich mich mit den vermeintlichen Werten dieser Social-Media-Branche gar nicht identifizieren kann. Für mich stand nicht die Zahl meiner Follower:innen im Vordergrund wie für so viele andere und natürlich die Unternehmen, für die ich Werbung mache, sondern der zwischenmenschliche Kontakt mit meiner

Community, das Gefühl, wirkliche Menschen zu erreichen und einen Mehrwert für sie zu schaffen. Gleichzeitig wusste ich, dass ich auf Social Media dennoch richtig bin. Dieses vermeintliche Dilemma habe ich für mich professionell gelöst, indem ich mir ganz bewusst gemacht habe, dass es sich um eine absolute Scheinwelt handelt – in der es ganz fantastische Menschen gibt, die ich kennenlernen durfte, die zum Teil zu Freunden geworden sind. Aber es gibt eben auch viel Oberflächlichkeit und manchmal hilft es, den Job auch einfach als Job anzusehen. Dann mache ich es eben anders als die anderen. Aber vielleicht mache ich es so genau richtig.

Nach dem Gewinn der Challenge ging kurze Zeit später die Arbeit an meiner Kollektion los. Doch schon recht bald stellte ich fest, dass mir mein Mitwirken bei dem Ganzen nicht ausreichend war. Als ersten Schritt hatte ich dem Designteam Moodboards geschickt mit Beispielen und Bildern, die einen Eindruck davon vermitteln sollten, wie ich mir meine Kollektion vorstellte. Von ihnen kamen per Mail Skizzen der einzelnen Kleidungsstücke, ich schickte ihnen mein Feedback dazu und so arbeiteten wir uns vor. Bis schließlich die Fotos der Samples und letztendlich der gesamten Kollektion in meinem Postfach landeten. Am kreativen Prozess an sich war ich also nicht wirklich beteiligt. Auch hatte ich nicht einmal einen Stoff in der Hand und gerade bei Kleidung ist Haptik so wichtig. Schließlich muss es sich auf der Haut doch gut anfühlen. Erst als wir nach Schweden flogen, um die fertige Kollektion zu shooten, sah ich sie zum ersten Mal in natura vor mir, konnte ich die einzelnen Teile wirklich begutachten und anfassen. Das Designteam hatte tolle Arbeit geleistet, doch ich merkte direkt: Es entsprach nicht meiner Vorstellung. Wenn mein Name daraufstand, dann wollte ich noch mal mehr in den Herstellungsprozess involviert sein.

Wie schon die beiden Cardigans in der Challenge war auch diese Kollektion wenige Stunden nach dem Launch ausverkauft. Zu diesem Zeitpunkt war der Vertrag für eine zweite Kollektion schon unterschrieben und bei dieser bestätigte sich mein Gefühl wieder: Wenn irgendwo mein Name daraufsteht, muss ich auch zu eintausend Prozent dahinterstehen.

Man könnte jetzt annehmen, dass ich in diesem Moment unzufrieden war mit der Situation. Weil ich meinen Namen für etwas hergegeben hatte, das sich nicht ganz richtig angefühlt hatte – und das gleich zwei Mal. Doch ganz im Gegenteil. Wenn man bei etwas merkt, dass es nicht zu einhundert Prozent sitzt, dann weiß man eben nicht nur, was nicht passt – sondern auch ganz genau, was man eigentlich anders machen möchte. Und noch nie zuvor hatte ich so genau gespürt und auch gewusst, was ich wirklich machen will. Diese Erfahrungen mit den beiden Kollektionen waren nicht weniger als die Geburtsstunde meines eigenen Labels. Denn ich hatte die Arbeit an diesen Kollektionen geliebt und gleichzeitig gemerkt, dass es mir zu wenig war. Ich wollte in jeden einzelnen Schritt involviert sein, ich wollte jede Entscheidung selbst treffen können und alles darüber wissen, was und wie produziert wurde: von der Fadenstärke über die Produktionsstätten bis hin zum Vertrieb.

Immer auf seinen Bauch zu hören, heißt übrigens nicht, den eigenen Kopf außer Acht zu lassen. Es gibt Entscheidungen, die ich durchaus auch mit meinem Kopf treffe. Alles, was im unternehmerischen Umfeld passiert, beispielsweise. Denn da trage nicht nur ich die Konsequenzen meiner Entscheidungen, sondern auch andere Menschen sind davon abhängig. Ich trage Verantwortung und mit dieser würde ich niemals leichtfertig umgehen. Sobald Verantwortung in die Gleichung miteinfließt, schaltet sich auch der Kopf dazu. Denn dann wird auch die Frage entscheidend: Was ist, wenn es nicht funktioniert?

Um bei unternehmerischen Entscheidungen ein wirklich gutes Gefühl zu haben – unabhängig davon, was mein Bauch fühlt –, ist es wichtig, dass ich rational einmal alles durchspiele: die Fakten sammle und analysiere, Zahlen, die ausschlaggebend sein könnten, einen Plan B oder Sicherheiten, wenn sich Dinge anders entwickeln, als sie eigentlich geplant waren. Erst wenn ich sicher bin, dass auch all meine Schäfchen im Trockenen sind – egal, wie ein Projekt läuft –, sage ich zu. Mein Team soll niemals unter einer leichtfertig getroffenen Entscheidung leiden und diese ausbaden müssen. Dennoch gibt es auch in meinem Leben als Unternehmerin Bereiche, wo ich alleinig meiner Intuition folge. Personalführung ist einer dieser Bereiche, der für mich absolutes Learning by Doing ist. Bei dem ich mich nicht auf Zahlen, Fakten oder

Ratgeber verlassen kann oder will. Denn in den meisten Fällen sind die wirklich entscheidenden Situationen doch die kleinen, die spontanen, die Unterhaltung morgens an der Kaffeemaschine. Das Nachfragen, wie es einer Kollegin geht, wenn ich merke, dass sie etwas stiller ist als sonst. Ihr das Gefühl zu vermitteln, dass es okay ist. Bei einem Jahresgespräch von meinem eigenen Protokoll abzuweichen, weil ich merke, die Person vor mir hat ganz andere Themen auf dem Herzen oder will sich in eine andere, neue Richtung entwickeln. Bei der Arbeit mit Menschen kommt es für mich nicht auf Fakten oder Zahlen an, sondern viel mehr auf das „Zwischen": die Zwischentöne, den Text zwischen den Zeilen, das Zwischenmenschliche.

Ich werde superoft als Speakerin zu diversen Businesstalks eingeladen. Dort sitzen dann Hörer:innen im Publikum und wollen zum einen meine Geschichte hören. Und zum anderen einen eindeutigen Leitfaden, um meinen Input auf ihr Leben und ihre Unternehmen anzuwenden. Ich habe schon immer ein ganz schlechtes Gewissen, wenn ich auf die Frage „Karo, wie hast du das gemacht? Was sind die Tricks?" nur antworten kann: „Tut mir leid, ich mache das alles nach Bauchgefühl." Was dann folgt, ist immer erst einmal kurz Stille im Raum. Und ich verstehe das. Denn eine Anleitung ist das ganz und gar nicht. Zumindest nicht auf den ersten Blick, und womöglich nicht in einem Rahmen, in dem man sonst eher konkrete Inhalte hört wie Branding, Markenaufbau oder Kosten-Nutzen-Analysen. Aber unehrlich sein kann ich auch nicht. Ich kann ja nur das sagen, was meine Wahrheit ist. Inzwischen bin ich auch zu der Überzeugung gekommen, dass dieser Input, den ich dort mit auf den Weg geben kann, vielleicht doch etwas wert ist und die Hörer:innen etwas daraus ziehen können. Auch Intuition kann ein Weg sein. Denn wenn er sich für mich bewährt hat, wieso dann nicht auch für jemand anderen?

In den letzten zehn Jahren habe ich einiges gelernt. Darunter eben auch, dass ich auf mein Bauchgefühl vertrauen kann. Vielmehr noch, dass ich unbedingt darauf hören sollte. Denn wenn ich es nicht mache, kommt am Ende meist nur Grütze raus. Ich habe aber auch gelernt, dass Angst etwas sein kann, das das eigene Bauchgefühl ganz schön überlagert, und man dann keinen richtigen Zugriff mehr darauf hat. Angst verzerrt die Intuition. Angst stagniert und Angst hält einen zurück. Mut dagegen ist das, was einen voranbringt. Am deutlichsten habe ich das wohl bei der *Together we move*-Tour 2023 gelernt. Mit unserem Truck, den wir zu einem Pop-up-Store umgebaut hatten, machten wir in verschiedenen Städten Deutschlands Halt. Weil nicht jeder die Möglichkeit hat, uns in Eislingen zu besuchen, besuchten wir einfach die Community und brachten das ganze Karo-Kauer-Universum mit. Ja, es handelte sich um eine unternehmerische Entscheidung. Mein Bauch sagte ganz deutlich: Lass uns das machen. Er brüllte es förmlich. Ich wollte aber auch, dass wir eine wirklich vernünftige Entscheidung treffen, denn die Tour war keine Kleinigkeit. Wir sind damit ein Risiko eingegangen. Wir haben ein ziemliches Investment geleistet. Jedoch hatten wir keine Zahlen, auf die wir uns hätten berufen können. Es hatte ja noch nie zuvor eine Tour gegeben und ich konnte auch keine anderen Unternehmungen zum Vergleich nehmen. Mit Rationalität wären wir an dieser Stelle nicht wirklich weitergekommen. Ich hatte aber so Bock darauf, ich hatte so ein gutes Gefühl dabei und ich wusste intuitiv, welchen Impact wir mit dieser Tour erzeugen konnten. Keine dieser Überzeugungen ist in meinem Kopf entstanden. Also haben wir es gemacht. Ich will an dieser Stelle aber auch ehrlich sein. Es gibt eine Eigenschaft an mir, die mir manchmal, glaube ich zumindest, wirklich zugutekommt. Und das ist eine Art Urvertrauen ins Leben. Man könnte sicher auch von Naivität sprechen. Bei den Überlegungen und der Planung haben wir natürlich über Risiken gesprochen und diese kalkuliert, so gut das eben möglich war auf unserem weißen Blatt Papier ohne Vergleichswerte. Doch erst, als ich Monate später den Aftermovie zur Tour gesehen habe, kam mir zum ersten Mal der Gedanke: „Was hätten wir eigentlich gemacht, wenn keiner gekommen wäre?"

Naivität hat für mich nichts mit Leichtsinn oder gar Dümmlichkeit zu tun. Sondern sorgt in meinem Fall eher dafür, dass ich diese Angst meistens gar nicht wahrnehme. Sondern erst darüber nachdenke, was alles hätte schiefgehen können, wenn ich schon längst weiß, dass alles gut gegangen ist.

Zufriedenheit

Zufriedenheit ist, wenn die äußeren Umstände passen.
Glück dagegen kommt aus dem Inneren.

Früher habe ich die Sommerferien meistens in Polen verbracht. Meine Eltern mussten arbeiten, für einen gemeinsamen Urlaub fehlte es an Zeit und Geld. Also schickten sie mich in den Ferien häufig zu unserer Familie nach Polen. Selbst als ich schon eine Teenagerin war, verbrachte ich die Sommer bei meiner Tante. Eines Morgens kam ich in die Küche runter, wo sie schon saß. Sie schaute mich an und sagte: „Wenn du hier so reinkommst, strahlt der ganze Raum. Du lächelst einfach immer."

Das ist bis heute vielleicht das schönste und wichtigste Kompliment, das ich jemals bekommen habe. Es hat sich so tief eingeprägt. Auch heute noch bekomme ich öfter ähnliches Feedback. Dass ich immer ein Lächeln auf dem Gesicht hätte. Dass man mich nie schlecht gelaunt erleben würde. Ich glaube, dass das eine Eigenschaft ist, die ich einfach habe. Ich weiß, das sind so Aussagen, mit denen man manchmal nicht so viel anfangen kann. Aber ich kann nun mal nicht anders, als einfach immer das Positive zu sehen und immer nach vorne zu schauen. Denn ganz ehrlich: Alles andere bringt ja auch einfach nichts. Ich komme nirgendwohin, wenn ich nur zurückblicke.

Mein Freund Paul Ripke sagt oft: „Karo, man weiß immer, wenn du in den Raum kommst." Ich habe ihn einmal gefragt, was er damit meint. Denn als laute Person würde ich mich nicht unbedingt bezeichnen. Er lachte und antwortete, dass das mit Lautstärke gar nichts zu tun hätte. Sondern mit der Energie, die von mir ausgeht. Dass die *good vibes*, die ich aussende, den Raum füllen. Und vielleicht ist das auch der Grund, dass Menschen mir auf Social-Media-Plattformen folgen.

Man könnte wohl sagen, dass ich schon immer ein zufriedener Mensch gewesen bin. Oder ein glücklicher? Wo genau liegt da eigentlich der Unterschied – und ist der wichtig? Ist das eine besser als das andere oder liegt das eigentliche Geheimnis darin, nichts zu bewerten? Ich wusste auf diese Fragen lange Zeit keine Antwort. Ich dachte mir einfach, dass es mir doch gut geht, wenn es mir gut geht. Wie wir gerade aber festgestellt haben, tut es das meistens. Das heißt aber nicht, dass ich immer ein Hochgefühl verspüre. Über die Jahre habe ich für mich den Unterschied kennengelernt. Erstaunlicherweise auch, dass allein ich es in der Hand habe, zufrieden und glücklich zu sein. Inzwischen ist eines ganz klar: Ich will beides!

Für mich ist Zufriedenheit ein Zustand, der sich einstellt. Und zwar genau dann, wenn alle äußeren Umstände passen: wenn es beruflich gut läuft, wenn alle Menschen im eigenen Umfeld gesund sind und man es schafft, die eigenen Routinen einzuhalten.

Ich hatte eingangs ja schon von der immens wichtigen Begegnung mit der anderen Influencerin erzählt, die mir die Augen dahin gehend öffnete, dass ich mit Instagram auch Geld verdienen konnte. Ich lernte meinen Wert kennen und ich begann auch zu verstehen, dass dieser mit meinen Followerzahlen stieg. Es sollte aber eine ganze Weile dauern, bis ich mein schlechtes Gewissen ablegen konnte. Auch wenn ich fleißig Angebote rausschickte und mit immer neuen Kooperationspartnern zusammenarbeitete, verstand ich im Kern nicht wirklich, wieso ich Geld damit verdiente. Denn das, was ich machte, fühlte sich nicht nach Arbeit an. Als ich damals Interviews von anderen Influencern sah, in denen sie Dinge sagten wie „Wir sind Influencer, wir arbeiten auch richtig hart", konnte ich nur ratlos mit den Schultern zucken. Im Vertrieb zu arbeiten, das war hart. Zu kellnern oder Solariumbänke zu reinigen, auch das fühlt sich nach Arbeit an. Denn das war physische Arbeit, das war anstrengend, da fuhr man zur Arbeit und zum Feierabend wieder nach Hause. Und wenn man zu Hause ankam, war man meist müde von dem Arbeitstag. Aber Instagram? Bei Weitem nicht. Ich machte schließlich nur Fotos und lud sie hoch. Wie sollte das denn Arbeit sein? Weil ich das lange Zeit so gar nicht nachempfinden konnte, habe ich bisher auch nie auf solche Fragen geantwortet, habe mich immer enthalten. Natürlich, weil ich niemanden vor den Kopf stoßen wollte, aber auch, weil ich mir komisch vorkam und mich zeitweise fragte, ob ich eigentlich die Einzige war, der es so ging. Machte ich irgendwas falsch?

Mit mehr Reichweite stieg allerdings auch mein Anspruch und damit der Effort, den ich in meine „Arbeit" steckte. Ich wurde professioneller, meine Posts qualitativ besser, mein Account hochwertiger. Zum ersten Mal konnte ich nachfühlen, was die Influencer in den Interviews meinten, wenn sie davon sprachen, dass sie hart arbeiteten. Es ging nicht nur um die Zeit, die man investierte. Es ging auch um die Gedanken, die man sich machte. Seit jeher ist es mir wichtig, einen Mehrwert zu generieren. Etwas zu schaffen, was meine Follower inspiriert, ermutigt oder ihnen zumindest für einen kurzen Moment ein Lächeln aufs Gesicht zaubert. Das ist bis heute der tägliche Druck, den ich mir mache. Ganz oft schleicht sich bei mir das Gefühl des Scheiterns ein, weil ich denke, ich habe zu viel Alltag und zu wenig Zeit, um Storys für meine Follower zu machen. Mein Freund und Geschäftspartner Benny hat nicht nur einmal versucht, mich damit zu beruhigen, indem er sagt, dass es doch schön zu sehen ist, dass mein Alltag auch einfach ein Alltag ist. Mit ganz gewöhnlichen Aufgaben und Ereignissen. Und dass Mehrwert immer das ist, was jede Person für sich daraus zieht. Er hat auf jeden Fall recht – aber das reicht mir einfach nicht. Ich will das *Mehr* in dem Wort Mehrwert generieren, eben durch Inspiration oder etwas, das man physisch mitnehmen kann. Ich glaube, erst dann hat es für mich greifbaren Mehrwert. Außerdem beginnt man irgendwann, sich weiteren Druck zu machen. Man will immer noch besser werden, immer perfektionistischer – und über allem schwebt bedrohlich die Angst, dass sich irgendwann niemand mehr für einen interessiert. Das hat nichts mit Eitelkeit zu tun, sondern ganz einfach mit finanzieller Grundlage: Wenn meine Zahlen sinken, sinkt auch die Kaufkraft, die hinter meinem Account steckt. Und damit der Reiz für meine Kooperationspartner. Ich hatte nie einen Hype, einen wirklich sprunghaften Anstieg meiner Reichweite durch ein viral gegangenes Video oder Ähnliches. Sondern ich bin ganz gemächlich, langsam und stetig gewachsen. Und ich bin wirklich mehr als dankbar dafür. Denn deshalb ist bisher auch noch nie das Gegenteil eingetreten: Ich habe noch nie eine große Menge Follower auf einen Schlag verloren. Die Leute schauen sich meinen Content schon recht genau an, glaube ich. Wenn er ihnen gefällt, dann folgen sie mir. Wenn nicht, dann verlassen sie mein Profil wieder und finden auf einem anderen Account Inhalte, die ihnen mehr zusagen.

Dennoch gibt es diese Momente, an denen ich das Handy auch einmal weglege. Das hat aber nie etwas mit Instagram an sich zu tun. Ich brauche Pausen, wenn viel um mich herum passiert oder viel in mir arbeitet. Wenn ich einen anderen Fokus benötige, beispielsweise weil mein Körper mir signalisiert, dass er ein paar Tage Ruhe braucht. Das passiert im Urlaub häufiger und dann gebe ich diesem Bedürfnis auch nach. Ich glaube übrigens, dass ich für immer Instagram machen werde. Oder Social Media, denn vielleicht gibt es diese App dann nicht mehr und wir treffen uns alle auf einer anderen Plattform. Aber ich werde lange dabei sein und sehe jetzt schon vor mir, wie meine Inhalte dann meine Rosenstöcke im Garten, Bingo und Enkelkinder sein werden.

Dieser Druck, den man an manchen Tagen empfindet, ist nichts, was alleinig mit der Social-Media-Welt zu tun hat. So geht es sicher den meisten Menschen, die beispielsweise selbstständig und damit ganz allein von sich und der eigenen Leistung abhängig sind, aber auch Menschen, die einen konsequenten wie ehrgeizigen Karriereweg verfolgen. Wir alle verspüren von Zeit zu Zeit den gleichen Druck, er hat nur immer wieder ein anderes Outfit übergeworfen. Ich habe in den letzten Jahren gelernt, mich nicht davon zermalmen zu lassen. Ja, diese Sorgen kommen immer wieder auf. Mit Sicherheit begleiten sie einen auch ständig im Alltag und man bekommt es gar nicht so häufig mit, glücklicherweise. Doch jedes Mal, wenn sie sich melden, höre ich mir an, was sie zu sagen haben – und verscheuche sie dann wieder. Und das mit einem ganz einfachen Trick. Einer einzigen Frage, die für mich alles klärt:

Was bringt es mir?

Habe ich irgendeinen Nutzen davon, wenn ich dem Druck nachgebe, ihn mich platt walzen lasse und ich am Ende daliege wie ein bröseliges Häufchen Asche? Bringt mich das irgendwie weiter?

Eben. Da ich also weiß, dass es mir gar nichts nützt, wende ich mich lieber wieder positiven Dingen zu. Die sehen schöner aus und machen mehr Spaß!

Je besser ich diese Dinge für mich verstand, desto kleiner wurde mein schlechtes Gewissen. Vermutlich hat dabei auch geholfen, dass sich Instagram für mich professioneller angefühlt hat. Das hier war nicht mehr nur mein privates Outfit-Tagebuch, sondern eine öffentliche Plattform. Und ja, auch eine Werbeplattform. Im Prinzip konnte man meinen Account mit einer Zeitschrift vergleichen, in der verschiedene Brands Werbung buchen. Genau das Gleiche passiert hier auch. Man bucht meine Plattform und meine Reichweite, damit ich Werbung mache. Ich weiß, das ist der Teil unserer Arbeit, der in der äußeren Wahrnehmung ein bisschen negativ behaftet ist. Vor wenigen Jahren war sogar der Begriff „Influencer" verpönt. Man vermied ihn, so gut es ging. Stattdessen waren alle plötzlich Content Creator. Eine neue Bezeichnung, die vermitteln sollte, dass es mehr um die Inhalte geht als um das Verkaufen. Und ja, Inhalte sind absolut wichtig. Ohne sie würde niemand irgendjemandem folgen auf diesen Plattformen. Man steckt viel Zeit in diese Inhalte, man teilt vieles aus seinem Leben. Auch aus seinem Privatleben, und lässt wahnsinnig viele Leute daran teilhaben. Aber bloße Inhalte finanzieren kein Leben, zahlen keine Miete und sorgen nicht dafür, dass man einen vollen Kühlschrank hat. Und wenn ich einmal ganz ehrlich und offen sprechen darf: Wir sind Influencer. Weil wir Leute beeinflussen.

Und das muss gar nichts Negatives sein, ganz im Gegenteil! Ich weiß, dass meine Follower:innen mir und meinen Empfehlungen vertrauen. Das können sie auch, weil ich wirklich nur Produkte oder Dienstleistungen empfehle, von denen ich selbst überzeugt bin. Natürlich kann es vorkommen, dass sich eine Followerin ein Produkt kauft, das ich empfohlen habe, und es ihr nicht gefällt oder es nicht zu ihr passt. Das Risiko besteht immer, schließlich sind wir alle unterschiedlich. Wenn deine Freundin dir einen Lipgloss empfiehlt, heißt es nicht, dass er dir auch gefällt. Vielleicht magst du das Tragegefühl auf den Lippen nicht. Macht das die Empfehlung deiner Freundin schlechter? Nein, denn für sie ist es vielleicht der beste Lipgloss, den sie je hatte. Und so ist es bei mir eben auch. Ja, ich beeinflusse durch meine Empfehlungen natürlich. Aber ich bin mir dieser Verantwortung auch vollends bewusst. Und ich glaube, das ist das Wichtigste.

Das Gefühl, einen richtigen Job zu machen, stellte sich mit Gründung des Labels ein. Gar nicht aus dem Grund, dass die Arbeit nun anstrengender war. Es ist viel simpler. Mit einem Mal hatte ich feste Arbeitszeiten. Ich hatte einen Arbeitsplatz, wo ich morgens hinfuhr und den ich am Abend wieder verließ. Spätestens als wir die ersten Mitarbeiter:innen einstellten, erlebte ich ein ganz neues Gefühl der Verantwortung. Dieser Teil meiner Arbeit fand in einem gesetzten Rahmen statt, sodass es mir leichtfiel, sie von Anfang an als Arbeit zu sehen. Und das war ein schönes Gefühl. Ist es bis heute. Ich mag diese Mischung aus Instagram, das sich nach wie vor so natürlich und selbstverständlich für mich anfühlt. Ich bin es einfach so gewohnt, euch in meinem Alltag dabeizuhaben. Und auf der anderen Seite die Arbeit im Label, für die Konsulting, unserer Influenceragentur, und für das Café. Bei diesen Standbeinen bin ich Karo, die Unternehmerin, die Feierabend macht und am Wochenende nicht ins Büro fährt. Für mich ist das die ideale Mischung.

Würde ich sagen, dass Arbeit mich glücklich macht? Mhm. Ja, auch – so würde vermutlich meine ehrliche Antwort darauf lauten. Weil sie ein wichtiger Teil von mir und für mich ist. Zufriedenheit ist für mich etwas, das durch äußere Einflüsse entsteht. Wenn ich ein sicheres und stabiles Leben habe, dann bin ich zufrieden. Und das habe ich mir die letzten Jahre aufgebaut.

Glück dagegen ist ein Gefühl, das nur in meinem Inneren entstehen und auch dadurch ausgelöst werden kann. Was meine ich damit? Glück ist Seelenfrieden. Wenn es meiner Seele gut geht, dann bin ich glücklich. Meiner Seele ist es egal, welches Auto ich fahre oder wie groß mein Kleiderschrank ist. Sie muss geliebt werden. Das habe ich die letzten Jahre gelernt. Nachdem mein jetziger Ex-Mann Ben und ich uns getrennt hatten, musste ich herausfinden, wer ich eigentlich bin. Also ich, ohne einen Partner an meiner Seite. Nicht nur musste ich mich neu kennenlernen, ich musste auch lernen, mir selbst die Liebe zu geben, die ich sonst immer von anderen haben wollte. Und den Menschen, den ich da kennenlernen durfte, fand ich großartig. Es ist ein überwältigendes Gefühl festzustellen, dass man sich selbst mag. Mehr noch, dass man sich bedingungslos liebt. Das ist Glück für mich. Wenn meine Seele zufrieden ist, bin ich glücklich.

Ich bin schon immer zufrieden gewesen. Wie gesagt, ich schaue immer nach vorn und fokussiere mich auf das Positive in meinem Leben. Das ist meiner Meinung nach die Grundlage dafür, mit einer Grundzufriedenheit durchs Leben zu gehen. Ich habe hart daran gearbeitet, dass diese Säulen meiner Zufriedenheit immer stärker und stabiler werden. Ich habe an meinem Inneren gearbeitet, damit ich auch glücklich bin. Und doch habe ich in den vergangenen Jahren immer öfter gefühlt, dass ich es eben nicht bin. Am stärksten im Jahr 2023. In mir war etwas in Schieflage geraten. Beruflich lief es toll, die Kinder waren gesund, ich konnte auf die Unterstützung meiner Familie zählen, ich hatte tolle Freunde um mich herum, ich baute ein eigenes Haus. Was also fühlte sich so quer an? Ich grübelte, überlegte und kramte regelrecht in meinem Inneren. Aber nichts wollte sich als Antwort offenbaren. An einem Tag, als ich meine innere Schieflage besonders deutlich spürte, fuhr ich nachmittags auf die Baustelle des Hauses. Selbst im Rohbau war dieser Ort ein absoluter Kraftort für mich. Zwischen Gerüsten, Stützbalken und Abdeckplanen kam ich immer wieder zur Ruhe. Ich lief durch die einzelnen Räume, stellte mir vor, wie sie wohl einmal aussehen würden, wären sie erst fertig eingerichtet. Ich genoss die Aussicht auf meinen Garten, obwohl dieser zum damaligen Zeitpunkt nur wildes Gestrüpp und der Lagerplatz für verschiedene Baumaterialien war. Ich atmete tief ein und plötzlich machte es klick. Kennt ihr das Gefühl, wenn ihr eine Erkenntnis habt und es sich anfühlt, als würden sich mit einem Mal alle Teile neu zusammensetzen und endlich am richtigen Platz sitzen? Genau so fühlte sich der Moment an, als mir klar wurde, was meine innere Schieflage ausgelöst hatte. In den vergangenen paar Jahren hatte sich so viel verändert – in meinem Inneren wie Äußeren. Ich hatte das Gefühl, beruflich angekommen zu sein. Ich hatte das Gefühl, bei mir angekommen zu sein. Aber ich hatte nicht das Gefühl, irgendwo angekommen zu sein. Mir fehlte mein Ort, mein Raum im Inneren für Rückzug, mein eigenes Zuhause. Wie Schuppen fiel es mir von den Augen, dass dieses Haus all das für mich war, noch bevor es überhaupt fertiggestellt war.

Anfang dieses Jahres sind wir endlich dort eingezogen. Und ich habe mich vielleicht noch nie glücklicher gefühlt als in diesen Momenten, in denen ich zwischen Kartons und Chaos auf dem Boden saß, uns noch die Hälfte der Möbel und Einrichtung fehlte und ich wusste, dass das Durcheinander noch eine Weile bleiben würde. Ich wusste aber auch, dass ich jetzt endlich angekommen war. Nach all den Jahren. Auch für die Kinder ist dieses Haus so viel mehr als ein Dach über dem Kopf. Es ist unser Zuhause und unser Neuanfang. Unser Startpunkt, von dem wir frisch loslaufen und schauen, was das Leben so bereithält für uns.

Einfach machen

Wenn man einfach macht, ist man mutig. Und Mut ist,
wenn man einfach macht.

Eines der größten Learnings, die ich in den vergangenen Jahren hatte, ist auf jeden Fall, dass man einfach machen soll. Es kann natürlich auch schiefgehen, aber wenn man gar nichts macht, passiert auch nichts. Und wenn man ins Machen kommt, halten einen die Leute für fleißig oder für mutig. Vielleicht ist es auch egal, ob es sich am anderen Ende um Fleiß oder Mut handelt – oder es womöglich beides dasselbe ist? Ein Satz, den ich immer wieder höre, lautet: Karo, du bist so mutig, was du immer alles machst. Einfach so.

Und es tut mir leid, wenn ich jetzt die ein oder andere Person enttäuschen muss. Aber so mutig bin ich gar nicht. Ich weiß nur einfach, dass ich mich auf meine Community verlassen kann. Und zwar so richtig. Es hat ein Event gegeben, bei dem ich das zum ersten Mal wortwörtlich hautnah erfahren durfte. Das Ganze liegt schon ein bisschen zurück. Ende 2019 hatte ich die Idee zu einem Flohmarkt. Es war in der Vorweihnachtszeit, das Jahr über hatte ich Produkte für Kooperationen zugeschickt bekommen, die ich gar nicht alle verbrauchen konnte. Meiner Familie hatte ich schon die Sachen geschenkt, für die sie sich interessierte, und dennoch stapelten sich die Pakete.

Ich wollte nicht, dass sie einfach ungenutzt in meinem Büro herumstanden, so lange, bis sie schließlich weggeworfen werden würden. Denn das würde ich nie machen, da würde ich die Pakete lieber an meine Community verlosen. So eine Verschwendung hätte ich nicht übers Herz gebracht. Ich wusste einfach nicht, wohin mit all den Sachen – bis mir der Gedanke zu dem Flohmarkt kam. Ich konnte alles dort verkaufen und das Geld einem guten Zweck spenden. Das war doch die Idee. Zeitpunkt und Name standen auch schnell: Am ersten Adventssonntag sollte das Karo-Kauer-Charity-Event stattfinden. Bei dem Begriff erinnern sich vielleicht manche, denn wie so oft in meinem Leben ist alles ein bisschen anders gelaufen als geplant. Ich fragte eine Freundin, ob wir den Flohmarkt in ihrem Café stattfinden lassen könnten. Sie war begeistert, ich auch, denn damit stand auch schon die gastronomische Versorgung. Außerdem hielt ich die Größe für perfekt. Das Café bot Platz für siebzig Personen, war also nicht zu klein. Aber eben auch nicht zu groß. Denn es gab nichts Schlimmeres als zu wenig Menschen auf zu geräumigem Platz. So könnte niemals eine heimelige Atmosphäre und ein schönes Ambiente aufkommen. Die Räumlichkeiten meiner Freundin dagegen waren perfekt. Natürlich nahm ich meine Community mit, erzählte in meinen Storys von meinen Plänen und den konkreten Formen, die diese langsam annahmen. Etwa zwei Wochen, bevor der Flohmarkt stattfinden sollte, machte ich eine Umfrage auf Instagram. Meine Freundin und ich wollten eine ungefähre Hausnummer haben, wie viele Besucher:innen wohl kommen würden. Damit wir das Catering passend planen konnten. Schließlich sollte niemand leer ausgehen, weil wir zu wenig Cupcakes gebacken hatten. Ich postete die Story mit dem Umfragebutton, dachte mir nichts weiter und legte mich schlafen.

Es ist inzwischen ein ganz natürlicher Automatismus, dass ich nach dem Aufstehen mein Handy und natürlich Instagram checke. Dass ich zahlreiche Nachrichten in meinem Postfache habe, ist keine Seltenheit. Doch was in diesen vergangenen Stunden passiert war, war etwas gänzlich anderes. Nicht weniger als fünftausend Menschen hatten bei meiner Umfrage auf Teilnehmen gedrückt. Ich war wie vom Donner gerührt. War das ein Scherz? Waren vielleicht fünftausend Leute auf die gleiche Idee zu einem Scherz gekommen? Unwahrscheinlich. So oder so musste ich diese Rückmeldung ernst nehmen. Denn selbst wenn nur ein Bruchteil dieser Leute wirklich vorbeikommen würde – in das Café passten sie auf gar keinen Fall. Ich tat, was ich immer in so einer Situation tue: Ich gönnte mir eine Minute blinde Panik. Und dann kümmerte ich mich um diese Herausforderung. Und rief Benny an. Benny war damals Inhaber einer Eventagentur. Als ich jünger war, hatte ich bei einigen seiner Events gearbeitet. Heute sind wir eng befreundet, damals kannte ich ihn lose vom Sehen. Dennoch kam er mir sofort in den Sinn. Das ist einfach der Vorteil einer

Kleinstadt. Man kennt sich, und man kennt immer Leute, die das können, was man gerade braucht. Und wenn man selbst diese Leute nicht kennt, kennt man wiederum Leute, die diese Leute kennen. Wer in einer Kleinstadt eine Dienstleistung oder anderweitige Unterstützung sucht, braucht weder ein Telefonbuch noch Google. Sondern man fragt einfach rum.

Ich rief Benny also an und erzählte ihm, was passiert war, was wir hatten (einen Raum für siebzig Leute) und was wir stattdessen brauchten: eine neue Location, ein Sicherheitskonzept, Catering, vielleicht eine Band und andere Programmpunkte. Wie so oft setzte auch hier mein Streben nach Mehrwert und Perfektion ein. Alles musste größer und damit natürlich auch professioneller werden und das nicht nur, weil vermutlich mehr Leute kommen würden als geplant. Sondern weil ich diesen Leuten auch etwas bieten wollte, wenn sie sich wirklich die Zeit nahmen, um zu unserem Flohmarkt zu kommen. Benny tat das scheinbar Unmögliche und stellte innerhalb von weniger als zwei Wochen dieses ganze Event auf die Beine. Er fand eine Location, in der der Flohmarkt stattfinden konnte, organisierte Foodtrucks, kümmerte sich um Unterhaltungsprogramme für die Kinder und Goodiebags für die Erwachsenen. Eine Band sorgte für die musikalische Unterhaltung und in einer Beauty-Ecke konnten sich die Besucher:innen aufhübschen lassen. Schon damals war ich so begeistert von seiner schnellen und konkreten Umsetzung. Wie gesagt, wir waren uns schon von früher bekannt, aber erst bei den Planungen zu diesem Event hatten wir ganz direkt miteinander zu tun. Bei einer solchen Hauruckaktion eine so gelungene und erfüllende Zusammenarbeit zu erleben, ist wirklich eine Seltenheit und ich dachte mir schon damals, dass ich gern häufiger mit Benny zusammenarbeiten würde. Wie eng diese Kooperation einmal werden würde, hatte ich mir zu dem Zeitpunkt natürlich nicht ausgemalt.

Mit Überzeugungen ist es ja so, dass sie manchmal auf dem Weg wieder einknicken. Kurz bevor das Charity-Event stattfinden sollte, bekam ich also kalte Füße. Mit einem Mal saß mir die Angst im Nacken, dass doch niemand kommen würde und die ganze Planung viel zu groß und umsonst gewesen wäre. Und das durfte nicht passieren. Ich musste dafür sorgen, dass der Flohmarkt auf jeden Fall ein Erfolg werden würde – mit zumindest ein paar Hundert Besucher:innen. Und wie konnte ich das erreichen? Ganz klar, durch mehr Reichweite. Nicht nur meine, sondern auch die anderer Influencerinnen. Aufgeregt fragte ich einige andere Influencerinnen, ob sie nicht Lust hätten, sich ebenfalls an dem Charity-Event zu beteiligen, und zu meiner großen Freude sagten auch einige zu.

Als der Tag endlich gekommen war, war ich unglaublich nervös, wie viele Menschen schlussendlich wirklich vorbeischauen würden. In der Zwischenzeit hatte ich mein Gefühl völlig verloren und konnte so gar keine Einschätzung mehr abgeben. Dafür war es nun aber auch zu spät, es würde schon so kommen, wie es kommen sollte. Und es kam dicke. Noch bevor wir die Türen der Location überhaupt öffneten, hatte sich eine ewig lange Schlange wartender Menschen um das Gebäude gebildet. Auch Benny, der es gewohnt war, große Events zu planen, kam völlig überrascht am Morgen bei der Location an. Erst im Nachhinein gestand er mir, dass er sich nicht ganz sicher war, ob wirklich so viele Leute erscheinen würden. Aber in dem Moment, als er die wartende Masse an Menschen sah, hatte er keinerlei Zweifel mehr.

Als wir die Türen öffneten, strömten die Leute nur so ins Innere. Erwachsene Menschen schoben und drängten sich durch die Gänge, die Goodiebags waren innerhalb von Minuten ausverkauft. Der Flohmarkt war ein voller Erfolg. Als wir am Abend die letzten Besucher:innen verabschiedeten und die Türen wieder schlossen, hatten wir über zweitausend Besucher:innen gezählt. Mehr als zweitausend Menschen waren gekommen und hatten uns fast restlos ausverkauft. Mit einem solchen Erfolg hatte ich niemals gerechnet. Zum vielleicht ersten Mal war ich unendlich stolz. Weil ich mit meiner Reichweite und der weiterer Influencerinnen etwas geschaffen hatte, das anderen wirklich zugutekam: nämlich den Erlös, den wir an ein Kinder- und Jugendhospiz spendeten. Zum ersten Mal erlebte ich, was passierte, wenn ich meine Arbeit, die ja nur online stattfand und sich manchmal wie eine Fantasiewelt anfühlte, ins echte Leben holte. Sonst sprach man nur mit seinem Handy, das „Publikum" konnte man ja nicht sehen, das saß hinter den eigenen Handys. Zum damaligen Zeitpunkt folgten mir etwa zweihundertfünfzigtausend Menschen bei Instagram. Welche Kraft hinter einer Zahl stand, die man nicht greifen konnte, davon hatte ich absolut keine Vorstellung. Wie auch, so absurd ist diese Zahl. Aber zu erleben, wie über zweitausend Leute an einem Sonntag nach Eislingen fahren und in der Dezemberkälte in der Schlange stehen, um an meinem Event teilzunehmen – das war anders. Das war greifbar. Weil man diese Masse an Menschen buchstäblich vor sich sah. An diesem Abend ist mir klar geworden, wie schnell ich einen Raum füllen konnte, wenn ich wollte. Dass ich die Kraft dazu hatte. So ging es nicht nur mir, sondern auch Benny und meiner besten Freundin. Sara-Lena kannte ich schon aus Jugendtagen, wir hatten als Teenager beide Fußball gespielt und uns so kennengelernt. Sie hatte mit Social Media oder Instagram gar nichts am Hut, deshalb war ihr bis zu diesem Event ebenso wenig wie mir klar gewesen, was diese Reichweite eigentlich bewirken konnte. Erst als sie gesehen hatte, wie viele Menschen dort waren und ein Foto mit mir machen wollten, wurde ihr klar, wie groß der Karo-Kauer-Account eigentlich war.

Dieses Event ist das perfekte Beispiel dafür, warum *einfach machen* manchmal mehr mit Fleiß und manchmal mehr mit Mut zu tun hat. Ja, damals war ich vielleicht mutig (oder naiv, je nachdem), aber durch den Charity-Flohmarkt weiß ich, was für eine unglaubliche Community ich habe. Deshalb bin ich so, wie ich bin. Weil ich weiß, dass wir die Reichweite und die Community haben, um Sachen einfach umzusetzen – und das auch blitzschnell, wenn es sein muss. Das führt zum Beispiel dazu, dass wir auch beim Karo Kauer Label viel flexibler sind und agiler arbeiten können als andere Labels mit traditionelleren Strukturen. Wir können von jetzt auf gleich den Schalter umlegen und auf Situationen reagieren. Während ich an diesem Buch arbeite, ist beispielsweise Folgendes passiert: Wir werden einen Store in Hamburg eröffnen – unser erster fester Store außerhalb Eislingens. Der Standort wird die neu gebaute Westfield-Shoppingmall sein, die im April 2024 eröffnet werden sollte. Nun hat sich die Fertigstellung der Mall kurzfristig um mehrere Monate verschoben, und das nur wenige Wochen, bevor wir eröffnet hätten. Ich sage es mal in aller Deutlichkeit: Das ist übel. Für alle Beteiligten ist das der Worst Case. Da geht es um laufende Kosten, um Ware, die extra dafür produziert, und Personal, das extra dafür eingestellt wurde. Anstatt zu erstarren, alles auf Eis zu legen und die finale Eröffnung abzuwarten, haben wir uns dafür entschieden, eine andere Lösung zu finden. Wir werden einen Pop-up in Hamburg eröffnen, bis wir in unseren eigentlichen Store ziehen können. So sitzen wir weder auf der Ware noch auf den Kosten und können auch der Verantwortung unserem Personal gegenüber gerecht werden – denn die sind ja auch auf diesen Job angewiesen. Und warum können wir das machen und auch so schnell entscheiden? Zum einen, weil ein Team an Menschen für mich arbeitet, das niemals den Kopf in den Sand steckt (vielleicht nur mal für einen ganz kurzen Moment). Sondern das bei Problemen immer nur Lösungen sieht. Und weil wir diese Community im Rücken haben, die uns stärkt. Von der wir wissen, dass sie uns auch in diesem geplanten Pop-up-Store besuchen wird.

Meine intrinsische Motivation ist schon immer vorhanden gewesen. Schon als junges Mädchen war es mir wichtig, eigenständig zu sein und mein eigenes Geld zu verdienen. Dieser Antrieb ist auch nie verloren gegangen. Mit demselben Ehrgeiz habe ich meine ersten Jobs gemacht und bin ich in meine Ausbildung gestartet. Ich habe eine Ausbildung zur Personaldienstleistungskauffrau gemacht und allein der Name verrät einem, wie erfüllend ich diesen Beruf wohl fand. Dennoch habe ich mich richtig reingehängt, und zwar von Anfang an. Denn wenn ich etwas mache, dann mache ich es richtig. Bei Halbherzigkeit kann ich es gleich bleiben lassen, da werde ich meinem eigenen Anspruch nicht gerecht und demnach unzufrieden mit mir selbst. Jetzt muss man vor allem bei diesem Beruf auch wieder die zeitliche Komponente beachten. Meine Ausbildung begann 2011, damals war Personalvermittlung hochgradig verpönt. Zeitarbeitsfirmen galten als Ausbeuter und manche erhielten diese Bezeichnung mit Sicherheit zu Recht. Das Image dieser Branche war nicht das beste und auch ich merkte, dass mir dieser Job nicht unendlich viel Spaß bereitete. Dennoch oder vielleicht gerade deshalb entschied ich, das Allerbeste daraus zu machen. Ich putzte zahlreiche Klinken, ich ging von Unternehmen zu Unternehmen, um mich vorzustellen. Bei jedem Vorstand und jeder Führungskraft, vor der ich dank meiner Hartnäckigkeit stand, wusste ich: Euch ziehe ich an Land, dieser Kunde wird mir gehören. Und meistens kam es auch so. Alles, was ich über Vertrieb und den Umgang mit Kunden weiß, habe ich in dieser Zeit gelernt. In diesen Jahren bin ich wirklich über mich hinausgewachsen. Noch in der Ausbildung hatte ich Stammkunden in der ganzen Region, die ausschließlich mit mir arbeiten wollten. Nicht mit jemandem, der mehr Erfahrung mitbrachte oder schon länger in meinem Unternehmen oder in dieser Branche arbeitete und demnach mehr Wissen hatte. Sondern mit mir. Weil am Ende immer noch Menschen mit Menschen arbeiten. Ich habe ihnen nicht nur eine Dienstleistung verkauft, sondern auch ein Gefühl. Und zwar das Gefühl, dass ich mich für sie reinhänge und sie sich absolut auf mich verlassen können. Genauso wichtig ist mir der Umgang mit meinen Mitarbeitern gewesen, also den Menschen, die ich betreut und in die verschiedenen Unternehmen vermittelt habe. Ich habe keine Provisionszahlungen oder Erfolge in ihnen gesehen, sondern ihre Wünsche oder auch Befürchtungen. All das sind Fähigkeiten, die ich auch heute noch brauche und anwende. Denn im Prinzip bin ich immer noch im Vertrieb tätig. Nun vertreibe ich Produkte statt Dienstleistungen. Und natürlich vertreibe ich jetzt Produkte, die ich schön finde und von denen ich überzeugt bin. Aber weil ich damals durch die harte Schule gelernt habe, etwas zu verkaufen, hinter dem ich nicht wirklich stehe, fällt es mir jetzt umso leichter.

Ich glaube, dass alles im Leben eine Lehre oder eine Weisheit beinhaltet und jeder Einzelne dieser Prozesse wichtig ist und mich weiterbringt. Ein weiteres Beispiel dafür ist das Thema Ästhetik. Dass mein Account überhaupt so groß geworden ist, lag sicher auch daran, dass er einer bestimmten Ästhetik entsprach. Dafür hatte ich zwar schon immer ein ganz gutes Auge, aber den richtigen Umgang mit einer Kamera habe ich in einem anderen Zusammenhang gelernt. Während meiner Ausbildung habe ich auch meinen jetzigen Ex-Mann Ben kennengelernt. Er arbeitete im gleichen Bereich wie ich, nur für ein anderes Unternehmen. Nebenbei war er als Hochzeitsfotograf selbstständig, denn auch er fand in der Personalvermittlung nicht seine berufliche Erfüllung. Irgendwann begann ich, ihm auf den Hochzeiten zu assistieren. Ben lernte mich an und zeigte mir alles, was wichtig war: sowohl im Umgang mit der Kamera als auch den perfekten Moment einzufangen. Und wenn man es richtig anstellte, gab es davon einige bei einer Hochzeitsfeier. Irgendwann fühlte ich mich so sicher hinter der Kamera, dass ich allein Hochzeiten fotografierte. Wenn wir getrennt losgingen, konnten wir an einem Wochenende doppelt so viele Aufträge annehmen, wie wenn wir immer im Doppelpack unterwegs gewesen wären. Dann wurde ich schwanger mit Sophie. Ich ging in Mutterschutz und anschließend in Elternzeit und war überzeugt davon, dass ich nicht mehr in meinen Job als Personaldienstleisterin zurückkehren würde. Stattdessen würde ich danach selbstständig als Fotografin arbeiten. Ben und ich hatten uns in der Zwischenzeit einen Namen gemacht im Bereich der Hochzeits- und Eventfotografie und das wollten wir ausbauen. Natürlich lief auch während dieser Zeit mein Instakanal schon, ich hatte Kooperationspartner, bekam Produkte und hatte auch schon die ersten Rechnungen gestellt. Dennoch kam mir nicht in den Sinn, dass ich in diesen Account meine ganze Kraft stecken und mich damit selbstständig machen könnte. Nein, die Fotografie sollte es sein.

Wie so oft kommt dann ja doch alles anders als geplant. In der Elternzeit mit Sophie wurde ich direkt mit Noah schwanger.

Aus einem Jahr Auszeit wurden also drei Jahre. Ohne mir dessen bewusst zu sein, steckte ich meine Energie doch nicht nur in die Hochzeiten, die wir auch weiterhin fotografierten, sondern eben auch in meinen Instagram-Account. Besonders Letzteres sollte sich auszahlen. Denn während dieser Zeit explodierte meine Reichweite förmlich und ich war endgültig in der Liga der Influencer angekommen. Irgendwann gelangte ich an den Punkt, wo ich beides – die Fotografie und Instagram – nicht mehr unter einen Hut bekam. Manchmal konnte ich Kooperationen nicht annehmen aufgrund der Hochzeiten, für die ich gebucht war, oder andersherum konnte ich eine Hochzeitsanfrage nicht annehmen, weil ich zu dieser Zeit Kooperationen hatte. Ich musste mich entscheiden, und meine Intuition ließ mich auch dieses Mal nicht im Stich: Ich fuhr die Fotografie langsam zurück und fokussierte mich auf Instagram. Der Übergang zurück ins Berufsleben nach der Elternzeit mit Noah fühlte sich aus diesem Grund auch nicht nach einer krassen Umstellung an. Ebenso der Schritt von einem Angestelltenverhältnis in die Selbstständigkeit – den habe ich einfach gemacht. Das hat sich weder fleißig noch mutig angefühlt, sondern ganz natürlich. Als die einzig richtige Sache, die zu tun war. Es gab nicht diesen einen Moment, wo mir klar wurde, dass ich nun selbstständig bin. Wie mein Account stetig gewachsen ist, bin ich über die drei Jahre Elternzeit auch einfach in die Selbstständigkeit gewachsen.

Ein ganz passendes Bild dafür, was ich mit *einfach machen* meine, ist der Song „Unwritten" von Natasha Bedingfield. Inzwischen ist er zur absoluten Karo-Kauer-Hymne geworden. Er läuft bei jeder Party, die wir in unserem Café veranstalten, und jedes einzelne Mal steht meine ganze Crew auf dem Tresen – mit Wunderkerzen liegen wir uns in den Armen und fühlen gemeinsam diesen Song. Im ganzen Raum spürt man dieses Gefühl von Verbundenheit, das sich mit Worten kaum beschreiben lässt. Das man aber auch virtuell weitertragen kann, denn fast täglich bekomme ich Nachrichten von meinen Followern, die mir Videos schicken, wenn sie diesen Song irgendwo hören und ihn genauso feiern. Dieses Lied eint uns alle – und nichts davon war geplant. Ein Freund hat irgendwann irgendein lustiges Video online gesehen, das mit eben diesem Lied unterlegt war. Er schickte das Video in unsere Freundesgruppe und plötzlich hatten wir alle diesen Song im Kopf. Und wurden ihn einfach nicht mehr los. Wir nahmen ihn mit auf die Tour 2023, und so wurde er zu unserer und eurer Hymne, ohne dass das jemals ein konkretes Ziel oder unser Plan gewesen ist. Diese Anekdote ist nicht nur ein Beispiel dafür, was passiert, wenn man einfach macht. Sondern eben auch dafür, dass wir einfach machen, weil wir unendlich Lust darauf haben, Dinge umzusetzen, etwas zu bewegen – und daraus die unglaublichsten Geschichten und wunderschönsten Erlebnisse entstehen.

Ich habe Spaß an dem, was ich tue, und deshalb mache ich auch so viel. Ganz oft werde ich in Interviews gefragt, was davon ich weglassen wollen würde. Meistens haben die Interviewer schon eine Idee parat, wie meine Antwort wohl ausfallen würde und dass sie mit Sicherheit „Instagram" lauten würde. Aber meine Antwort lautet immer gleich: im Grunde nichts. Denn all das bin ich und all das mache ich gern. Instagram ist wahnsinnig wichtig für mich. Ich weiß, dass sich das von außen manchmal etwas merkwürdig anhört, immerhin ist das „nur" eine App. Aber diese App hat mir das Leben ermöglicht, das ich nun führe. Mit dieser App hat alles angefangen. Außerdem wird mir vermutlich nie der Spaß daran vergehen, mich und mein Leben in all seinen Facetten zu zeigen. Und auf keine andere Art ist mir das so leicht möglich wie dort. Denn dort kann ich als jede einzelne Karo auftreten, die ich bin: als Frau, als Mutter, als alleinerziehende Mutter, als Unternehmerin, als jemand, der Fashion liebt und einen Alltag hat. Jeden einzelnen Bereich, der mich ausmacht, kann ich dort teilen. Und so kann sich jeder meiner Follower den Teil von mir aussuchen, mit dem sie sich gerade am meisten identifizieren können. Auch das Label entstand aus einem vergleichbaren Antrieb. Natürlich habe ich mir damit einen Mädchentraum erfüllt, so romantisch kann man das sagen. Meine Affinität zu Mode konnte ich so noch mal auf einem ganz anderen Level ausleben und in die Welt tragen. Es geht aber nicht mehr nur um Spaß an Mode. Was mich wirklich berührt, sind die Nachrichten, die ich von anderen Frauen bekomme. In diesen schreiben sie mir, dass sie meine Kleider tragen und sich damit selbstbewusst fühlen. Dass sie damit selbstsicherer in ein Bewerbungsgespräch gegangen sind, weil ihnen dieses Outfit so viel Kraft gegeben hat. Dass sie es zu einem besonderen Anlass getragen haben, der ihnen viel bedeutet. Das sind Nachrichten, die mich wirklich tief berühren. Die mir bewusst machen, dass es nicht nur darum geht, jemandem zu zeigen, wie man eine Bluse mit einer Jeans kombinieren kann. Sondern dass Inspiration viel tiefer greifen kann. Früher wollte ich unbedingt auf eigenen Beinen stehen. Dafür war ich mir für nichts zu schade und bin es immer noch nicht. Mit dieser Motivation bin ich losgelaufen. Seit ich Social Media mache, kam ein anderer Antrieb auf. Ich wollte die Leute inspirieren. Mit jeder Nachricht einer Frau, die ich bekomme, die sich durch meine Kleidung stark fühlt oder weniger allein, wenn ich meinen Alltag als alleinerziehende Mutter zeige, verstehe ich mehr und mehr, dass ich manchmal Menschen nicht nur inspiriere. Sondern sie auch dazu inspiriere, ebenfalls auf eigenen Beinen zu stehen.

Scheitern/Fehler/Angst

Man scheitert nur, wenn man liegen bleibt.

Nachdem ich auf den vorherigen Seiten schon geschrieben habe, dass ich eigentlich selten bis nie Angst vor etwas habe, sondern mir das Risiko meist erst im Nachhinein bewusst wird, wird sich jetzt die ein oder andere Person fragen, was ich in diesem Kapitel wohl zu erzählen habe. Ich kann euch versichern: einiges! Denn ich gehe ja nicht ganz von Angst befreit durchs Leben. Der vielleicht größte Unterschied – und weshalb viele denken, dass ich mutig oder furchtlos bin – ist, dass ich keine Angst vor dem Scheitern habe. Ich fürchte mich nicht vor Dingen, die ganz vielleicht irgendwann einmal passieren könnten. Denn vielleicht treten diese schlimmen Dinge ja auch nicht ein und dann hat man sich ganz umsonst gefürchtet. Ich bin eher ängstlich, was konkrete Situationen angeht, in denen ich ganz reell stecke. Konfrontationen beispielsweise. Die finde ich so furchtbar, dass ich sie lange Zeit wenn möglich vermieden habe. Weil ich Angst vor ihnen habe. Doch wenn ich ihnen aus dem Weg gehe, lande ich in Situationen, in denen über meinen Kopf hinweg entschieden wird oder meine Grenzen nicht eingehalten werden. Vor wenigen Jahren hatte ich einmal eine Freundin, die man wohl nur als toxisch bezeichnen kann. Eigentlich kenne ich Eifersucht in Freundschaften nicht, aber sie war es. Es war für sie nicht zu ertragen, dass ich auch andere Freunde hatte, und so hat sie mich immer mehr eingenommen. Wären wir zehn Jahre eher miteinander befreundet gewesen, hätte ich das wohl einfach geschehen lassen. Denn alles andere hätte ja irgendeine Art von Konfrontation bedeutet. Doch damals konnte ich das nicht mehr. Und wollte es auch nicht. Wenn mich jemand ganz für sich haben will, kommt in mir instinktiv ein Fluchtreflex auf. Ich fühle mich sofort eingeengt und will ausbrechen. So ging es mir auch in dieser Freundschaft. Also tat ich etwas, auf das ich nicht stolz bin: Ich brach den Kontakt ab und distanzierte mich. Mir ist und war es auch damals bewusst, dass der richtige Umgang mit dieser Situation ein klärendes Gespräch gewesen wäre. Aber ich konnte es nicht. Denn wenn ich ehrlich gesagt hätte, wie es mir ging, hätte ich ihre Gefühle verletzt. Mich einfach still aus der Freundschaft herauszuziehen, ist natürlich auch verletzend. Doch damals wusste ich mir wirklich nicht anders zu helfen. Es braucht eben viel Erfahrung, um einen dahin zu bringen, wo man hinwill. Weil ich eigentlich weiß, dass offene Kommunikation oftmals die Lösung ist. Und eine so simple noch dazu. Die aus einer Mücke keinen Elefanten macht, sondern die Mücke einfach verschwinden lässt.

Eine dieser Erfahrungen ist mir eine wirkliche Lehre gewesen. Denn aufgrund meiner Angst vor Konfrontation hätte ich fast meinen Freund und Geschäftspartner Benny verloren.

Wenn ein Unternehmen wächst, kommt es früher oder später an einen bestimmten Wendepunkt. Am Anfang arbeitet ein kleiner Haufen Menschen zusammen, man widmet sich gemeinsam und mit Feuereifer einer Idee, die man in die Welt bringen und immer größer machen will. Man verbringt so viel Zeit zusammen, dass die Grenzen zwischen Arbeit und Privatem fließend sind und man schnell zu Freunden zusammenwächst – wenn man das nicht schon davor gewesen ist. Klappt das Vorhaben und das Unternehmen wächst, stellt man weitere Personen ein. Und irgendwann erreicht ein Unternehmen eine Größe, bei der es sich nicht mehr mit allen so privat und vertraut anfühlt. Sondern eben auch einfach kollegial. Und wenn Menschen einfach Kolleg:innen sind, dann ist ihnen der gemeinsame Traum vielleicht nicht ganz so wichtig. Dann kommen sie, um ihren Job zu machen, fahren danach nach Hause und leben ihr eigenes Leben. In dieser Tatsache steckt kein Vorwurf. Das war nur eine Erkenntnis, die mir schwer zu schaffen machte, denn ich brauchte Zeit, um diese Veränderung zu akzeptieren. Wenn ein Team eine bestimmte Größe erreicht hat und nicht mehr alle in genau dieselbe Richtung blicken, kann es auch passieren, dass geredet wird. Gerüchte werden in die Welt gesetzt, Sympathien geflochten und Antipathien etabliert. Es gibt Menschen, die ihre Energie dafür verwenden, die Stimmung am Arbeitsplatz zu beeinflussen – und das nicht immer zum Positiven. Eine Person mit derartigen Ambitionen hat vor wenigen Jahren auch in meinem Unternehmen gearbeitet. Ich verstehe ihre Motivation bis heute nicht, aber ich habe viel durch sie gelernt. Sie hat es immer wieder geschafft, große Teile des Teams gegen Einzelne aufzubringen, indem sie Gerüchte oder schlichtweg Unwahrheiten über jene Personen verbreitete. Und irgendwann war Benny an der Reihe. Regelmäßig hörte ich, dass er sich unkollegial verhalten hätte und herablassend mit anderen sprechen würde. Die Stimmung wurde täglich schlechter. Auch ich habe mich in diesen Strudel ziehen lassen. Bevor ich es realisierte, war ich nicht mehr gut auf ihn zu sprechen. Dabei war zwischen uns nichts vorgefallen, es hatte keinen Disput oder Ähnliches gegeben. Gerade zu dieser Zeit war ich auf einem Event in Köln, wir saßen in einer größeren Runde beim Dinner zusammen, wo ich meiner Managerin Julia von der Situation erzählte und auch davon, wie unzufrieden ich mit Bennys Verhalten war. Leider – oder aus jetziger Sicht glücklicherweise – filmte jemand in diesem Moment und lud das Video als Story bei Instagram hoch. Leider, weil man im Hintergrund des Videos genau hören kann, wie ich mich über Benny beschwere. Glücklicherweise, weil er sonst vermutlich nie auf mich zugekommen wäre. Als ich aus Köln zurück war, bat mich Benny um ein Gespräch. Er fragte mich frei heraus, ob ich ihm etwas zu sagen hätte. Ich verneinte. Natürlich verneinte ich, das war ja mein größtes Problem. Doch er hatte das Video gesehen und wünschte sich von mir, direkt mit ihm zu reden, wenn ich nicht zufrieden war. Er sagte all das mit einer solchen Ruhe und Besonnenheit, dass ich mich endlich traute, offen zu sein. Ich erzählte ihm von den Geschichten, die über ihn kursierten, und wie schlecht sich sein Verhalten auf die Stimmung im Team auswirken würde. Ich hatte nicht damit gerechnet, dass er so überrascht und vor den Kopf gestoßen war. Wie es in einer Gerüchteküche nun mal läuft, war er der Einzige, der von alledem nichts mitbekommen hatte. Ich zählte ihm die Situationen auf, in denen er sich laut den anderen unkollegial verhalten hatte – und er konnte mir jede einzelne widerlegen. Keine Minute später holten wir die verantwortliche Person, die die Gerüchte losgetreten hatte, zu uns an den Tisch, um die Situation als Ganzes zu lösen. Sie jedoch wollte sich plötzlich an nichts mehr erinnern. In diesem Moment krachte die Erkenntnis bei mir ein, dass ich mich hatte instrumentalisieren lassen. Augenblicklich kroch in mir das schlechte Gewissen hoch. Benny blieb zwar gefasst, doch ich sah ihm an, dass ich ihn schwer damit verletzt hatte, den Gerüchten Glauben zu schenken. Am Ende ist auch die Fähigkeit zu unangenehmen Gesprächen ein Muskel, der trainiert werden muss. Und mit jeder Erfahrung – negativ wie positiv – wird dieser Muskel stärker und diese Gespräche fallen einem leichter. Auf lange Sicht hat mich diese Erfahrung auch zu einer besseren Unternehmerin gemacht. Nach dem Eklat hat die Person das Unternehmen verlassen und eine Kündigungswelle ausgelöst. Auch hier hat die Gerüchteküche leider ganze Arbeit geleistet, denn natürlich war ich ab diesem Zeitpunkt der Buhmann. Es ist ein sonderbares Gefühl, morgens ins Büro zu kommen und zu spüren, dass einen niemand mehr leiden kann. Ich habe mich in meinem eigenen Unternehmen nicht willkommen gefühlt.

Um das Ruder wieder herumzureißen, war ich gezwungen, mich meiner Angst zu stellen. Und mich gleich mit meinem gesamten Team zu konfrontieren. Ich bin mit jedem in Einzelgespräche gegangen, habe transparent erklärt, was vorgefallen war, und so hat sich das Stimmungsbild Stück für Stück wieder normalisiert. Ich habe meinen Mitarbeiter:innen bewiesen, dass sie mir vertrauen können. Außerdem bin ich aufmerksamer geworden. Wenn sich die Stimmung im Team verändert, gehe ich proaktiv auf die Leute zu und suche das Gespräch. Jedoch musste ich nach dieser Erfahrung auch meine eigenen Wunden lecken und das dauert bis heute an. Nachdem ich früher alle als meine Freunde angesehen habe, verschloss ich mich nach dieser Zeit innerlich. Alle, die neu bei uns arbeiteten, bekamen mich kaum zu Gesicht. Ich igelte mich ein, distanzierte mich von meiner eigenen Firma und meinem eigenen Team, weil auch ich Zeit brauchte, um Vertrauen zurückzugewinnen. Aber so, wie ich meinem Team beweisen wollte, dass es mir vertrauen kann, bewies es mir dasselbe.

Natürlich kann man sagen, dass ich bei dieser Erfahrung mit Benny gescheitert bin. Genau das macht für mich vielleicht den Unterschied zwischen Angst und Scheitern aus. Bei der eben geschilderten Geschichte bin ich als Mensch gescheitert. Bei der, die ich gleich erzählen werde, ist etwas im Außen gescheitert. Darauf konnte ich als Person reagieren. Der „Fehler", wenn man so will, lag nicht bei mir und meinem Charakter. Und so ist der Umgang damit für mich leichter gewesen.

Wenn mich das Scheitern eine Sache gelehrt hat, dann die Gründung des Labels. Die Idee dazu kam uns 2019. Uns, das waren mein heutiger Ex-Mann Ben und die Designerin, mit der wir gemeinsam gegründet hatten. Sie für das Design, Ben für das Marketing, ich für die Reichweite und das Personal. Wir hatten eine gemeinsame Vision und nach einigem Kopfzerbrechen auch den passenden Namen für unser Label: Saints & Co. Natürlich recherchierten wir, ob der Name schon von einem anderen Label genutzt wurde, und das Internet gab uns grünes Licht. Wir starteten klein, entwarfen eine Handvoll Teile und ließen diese in kleiner Auflage produzieren. Als unsere erste Kollektion stand, flogen wir nach Paris, um die Produkte eindrucksvoll zu shooten. Alles lief gut, denn obwohl wir ganz neu auf dem Markt waren, kam unsere Kleidung gut an und wir hatten absolut zufriedenstellende Verkaufszahlen. Natürlich stolperten wir das ein oder andere Mal, denn wie so oft ist alles Learning by Doing. Vielleicht gibt es ein Handbuch, wie man das perfekte Label gründet, jedoch hatte das keiner von uns gelesen. Zumal auch in diesem Buch nichts darüber stehen kann, wie man immer die richtigen Entscheidungen trifft. Schließlich war alles immer im Prozess, veränderte sich und die große Kunst bestand darin, richtig zu reagieren. Zuerst ließen wir unsere Kollektion in einer kleinen Firma in der Türkei produzieren. Doch schnell kam sie mit den Kapazitäten an ihre Grenzen und wir mussten uns nach einem neuen Produzenten umsehen. Was dann folgte, war ein Versuch, der uns immer wieder vor Herausforderungen stellte. Es wurden Schuhe produziert, die bei den

Größen 36 und 42 keinen Unterschied aufwiesen. Wir bekamen Pullover ohne Ärmel geschickt oder mit riesigen Löchern im Gewebe. Jedoch hatten wir für diese Lieferungen schon Einfuhrabgaben beim Zoll gezahlt. Es lohnte sich also nicht, die Pakete zurückzuschicken, denn das wäre nur mit weiteren Kosten verbunden gewesen. Wir brauchten demnach eine Qualitätskontrolle vor Ort, bevor die Waren überhaupt losgeschickt wurden. Ein anderes Mal kamen unsere Bestellungen ohne Paletten an. Wir hatten nicht gewusst, dass wir diese extra dazubuchen mussten. Die Lösung war in diesem Fall etwas rudimentär, denn wir mussten sechshundert Kartons einzeln aus dem Lkw hieven. Dennoch wussten wir für die Zukunft Bescheid. Zu jedem neuen Problem, das sich auftat, fanden wir eine Lösung.

Nach zwei oder drei Monaten wendete sich jedoch das Blatt. Und das kann man ganz wörtlich nehmen. Denn wir bekamen einen Brief, der mit einem Schlag alles zunichtemachte, was wir uns in der kurzen Zeit aufgebaut hatten. Wir hielten eine Abmahnung in den Händen, von einer Verwaltungsgesellschaft aus Pforzheim, die eine Marke registriert hatte, welche denselben Namen trug wie unser Label. Und das schon deutlich länger. Sie verlangten sofortige Unterlassung und Vernichtung des Bestands. Sodass wir jedes Teil, das sich noch in unserem Lager befand, verbrannten. Das war bitter. Nicht nur die Vorstellung, die Kleidung – neu und absolut intakt –, in die Zeit, Energie und Ressourcen geflossen waren, zu vernichten. Sondern auch für das kleine Start-up, das wir waren. So etwas brach einem Unternehmen das Genick, und das einfach nur, weil wir unsere Arbeit zu Beginn nicht ordentlich gemacht hatten. Denn Namensrecht, das lernten wir in dem Moment, ist mehr als eine schnelle Suche bei Google. So schnell, wie alles begann, schien es auch schon wieder vorbei zu sein. Mein großer Traum vom eigenen Label – ausgeträumt.

Wir hätten in diesem Moment mit den Schultern zucken und sagen können: „Ja, schade, kann man nix machen." Aber wenn ich im Leben eines gelernt habe, dann, dass man immer etwas machen kann. Das war eines der ersten Dinge, die ich von meinen Eltern mitgenommen habe. Sie sind in den Achtzigerjahren aus Polen nach Deutschland gekommen, weil mein Bruder Severin damals schwer lungenkrank war. Die Ärzte in Polen konnten ihnen nicht weiterhelfen und prognostizierten meinem Bruder noch eine Lebenserwartung von sechs Monaten. Das konnten meine Eltern verständlicherweise nicht akzeptieren und hofften auf die bessere medizinische Versorgung in Deutschland. Wie bei so vielen Migrationsgeschichten ging mein Vater zuerst nach Deutschland, um eine Wohnung zu finden, eine Sprachschule zu besuchen und meiner Familie den Neustart in Deutschland zu erleichtern. Obwohl er in Polen bei der Militärpolizei gearbeitet hatte, begann er hier als Landschaftsbauer. Jedoch wurde er nicht einfach von einer Firma angestellt, sondern war als selbstständiger Subunternehmer tätig. Dann endlich kamen meine Mutter und mein Bruder nach und begannen ihr neues Leben in Deutschland. Meinem Bruder ging es immer besser, ich wurde geboren und meine Eltern arbeiteten hart. Und es hätte alles ganz wunderbar weitergehen können, wenn nicht …

Jede:r, der oder die schon einmal eine Einkommenssteuererklärung gemacht hat, kann sich ungefähr vorstellen, wie kompliziert die deutsche Bürokratie ist. Und wie unverständlich die Sprache, die in allen Formularen und Ämtern verwendet wird. So kam es, dass mein Papa trotz Sprachschule nicht verstanden hatte, dass er in seiner Selbstständigkeit selbst dafür verantwortlich war, seine Steuern abzuführen. Dass er das Geld dafür beiseitelegen musste. Ein Jahr nach dem Neuanfang kam die böse Überraschung: Ohne es zu wissen, hatten meine Eltern einen enormen Schuldenberg angehäuft. Sie waren gescheitert. Doch sie gaben nicht auf. Zu hart hatten sie für dieses neue Leben gearbeitet. Und Fehler waren schließlich dazu da, behoben zu werden und aus ihnen zu lernen. Sie arbeiteten also doppelt so hart und trugen diesen Schuldenberg Stück für Stück ab. Natürlich hatten sie dadurch weniger Zeit für uns und wir weniger Geld als andere, aber sie gaben uns etwas mit, das viel wertvoller war als Urlaub oder neue Kleidung: dass man immer wieder aufstand. Dass es immer weiterging.

Und so standen wir mit Saints & Co ebenfalls vor der Entscheidung: weitermachen oder sein lassen? Für mich war schnell klar, dass es mit dem Label weiterging. Ja, wir hatten einen Fehler gemacht. Aber daraus würden wir lernen. Außerdem zwingt das Scheitern einen, neue Wege zu gehen, und auf diesen findet man meist die viel größeren Schätze. Auch meine beiden Mitgründer:innen wollten einen neuen Versuch wagen. Für unseren Neustart brauchten wir zuallererst einen neuen Namen. Und den aus dem Boden zu stampfen ist gar nicht so leicht, wie man sich das vielleicht vorstellt. Wir hatten zwei Möglichkeiten. Wir suchten einen ganz neuen Namen, ohne zu wissen, wie lange dieser Prozess in Anspruch nehmen würde. Oder wir benannten das Label nach mir: Karo Kauer Label. Gegen die zweite Möglichkeit wehrte ich mich zuerst. Was, wenn das Label wieder Schiffbruch erleiden würde? Dann wäre mein Name verbrannt. Außerdem befürchtete ich, dass die Leute das Label und mich als Influencerin nicht unterscheiden konnten. Dass Anfragen in meinem Postfach landeten anstatt beim Kundensupport. Ich war mir nicht sicher, ob die Abgrenzung zwischen mir als Person und Influencerin und dem Unternehmen zu sehr verwässert wäre. Am Ende war es eine pragmatische Entscheidung. Wir beschlossen, meinen Namen als Labelnamen zu nehmen. Weil wir damit unser vorheriges Scheitern auch ganz klar als solches annahmen und der Welt zeigten: Ja, wir haben einen Fehler gemacht, sind zu blauäugig gewesen und haben uns die Finger verbrannt. Ja, wir haben daraus gelernt und werden es nun besser machen. Und damit ihr uns das glaubt, gehen wir dieses Wagnis mit dem neuen Namen ein.

Dieses Learning besteht bis heute. Wir lassen jedes einzelne Wort, das wir auf ein Kleidungsstück des Karo Kauer Labels platzieren, überprüfen. Inzwischen auch von Anwälten und nicht nur mithilfe des Internets.

Und was ist nun mit den neuen Wegen und den unerwarteten Schätzen? Kaum hatten wir uns umfirmiert und waren als Karo Kauer Label an die Öffentlichkeit gegangen, passierten die unglaublichsten Dinge. Unsere erste Kollektion war innerhalb von Sekunden ausverkauft. Außerdem sprachen uns Kaufhäuser an, die bis heute unsere Partner sind. Plötzlich interessierten sich ABOUT YOU, Breuninger oder Peek & Cloppenburg für unsere Produkte. Und alle hatten dieselbe Begründung: Jetzt, wo das Label Karo Kauer im Namen trägt, wird es interessant für uns. Sie waren so begierig auf unsere Kollektionen, dass sie sie gefühlt ungesehen einkauften. Das ist eine Wendung, die man nicht planen oder vorhersehen kann.

Aus eben einer solchen Wendung ist auch die Karo Kauer Konsulting entstanden, meine Agentur, die Influencer aufbaut und betreut. Nachdem Ben und ich uns 2021 getrennt hatten, sowohl privat wie auch beruflich, waren noch meine Mitgründerin und ich als Geschäftsführerinnen und Gesellschafterinnen im Label tätig. Doch auch wir mussten kurze Zeit später erkennen, dass es besser war, getrennte Wege zu gehen. Es war klar, dass ich das Label behalten und sie ausbezahlen würde. Jedoch wurden wir uns nicht einig. Da wir beide in gleicher Höhe Anteile an der Firma hatten, konnte jede die Geschicke des Unternehmens lenken. Denn es bedurfte, so war es vertraglich geregelt, bei jeder größeren Entscheidung immer der Zustimmung beider Firmeninhaberinnen. Ich hätte einfach nur als Influencerin weitermachen können, denn finanziell war ich auf das Label nicht angewiesen. Zu meinem Glück wusste ich einen kompetenten Anwalt an meiner Seite, der mich durch diesen Streitfall manövrierte. Und das mit einem mehr als gewagten Plan: Ich sollte die Geschäftsführung im Label niederlegen. Allein der Gedanke löste Herzrasen bei mir aus, denn das Label war mein Baby. Ich hing daran mit jeder Faser meines Körpers. Das Ganze war nicht ohne Risiko, doch ich vertraute meinem Anwalt. Ich kündigte als Geschäftsführerin, meine damalige Teilhaberin musste sich nun alleinig um das Label kümmern. Jedoch war ich immer noch Gesellschafterin. Das bedeutete, dass ich immer noch Mitspracherecht hatte, über alles informiert werden musste und es für jede größere Entscheidung meine Zustimmung brauchte. Zudem konnte ich ihr die Geschäftsräume kündigen, da ich diese dem Label nur unterver-mietet hatte. Gleichzeitig kündigten einige wichtige Personen im Unternehmen, weil die Veränderungen natürlich Wellen schlu-gen und die Stimmung mehr als unsicher war. Während es im Label ruckelte, war ich dabei, meinen Plan B umzusetzen. Denn wie schon erwähnt, dieses Prozedere war nicht ohne Risiko und es war sehr gut möglich, dass ich mein Label, mein Baby verlieren würde. Jedoch konnte ich nicht einfach ein neues Label gründen, das unterlag dem Wettbewerbsverbot. Stattdessen gründete ich Karo Kauer Konsulting. Wenn ich schon keine eigene Fashion produzieren durfte, konnte ich wenigstens anderen dabei hel-fen, ihre Visionen umzusetzen. Zu guter Letzt entzog ich mei-ner damaligen Teilhaberin die Namensrechte. Es erstaunt mich immer wieder, wie das Label überhaupt zu seinem Namen gekommen war und wie weit sich diese Entscheidung ausgewirkt hatte. Jede Entscheidung im Leben kann auch Jahre später noch ganz direkte Auswirkungen haben. Nachdem ich dem Label die Namensrechte entzogen hatte, einigten wir uns und lösten unsere Partnerschaft auf. Ich hatte mein Label zurück und ich hatte eine neue Firma dazubekommen. Diese Geschichte ist vielleicht leicht erzählt, war aber der größte Rückschlag, den ich bisher erlebt habe. Zum einen schmerzt es schon einmal ganz grundsätzlich, wenn man sich von Menschen verabschieden muss, die einem einmal sehr wichtig gewesen sind. Doppelt schmerzhaft wird es, wenn man noch dabei ist, die eine Trennung zu verarbeiten, und dann direkt die nächste Trennungsarbeit ansteht. Wenn in dieser Phase all das Positive und Schöne, das man einmal miteinander geteilt hat, plötzlich vergessen oder nichts mehr wert ist, ist man irgendwann wirklich am Ende seiner Kräfte. Hinzu kam das Risiko, dass der Plan meines Anwalts nicht aufging. Ich hatte monatelang schlaflose Nächte, weil ich mich so machtlos fühlte. Zu dieser Zeit hatte ich wirklich den Eindruck, ganz unten aufgeprallt zu sein. Und dennoch: Ohne diese Veränderung hätte ich niemals das Konsulting gegründet, mit der wir heute großartige Influencer:innen betreuen dürfen. Ich wusste nicht, ob ich das Label zurückbekommen würde. Aber ich wusste, dass ich das Konsulting hatte, und ich wusste, dass es so oder so nicht das Ende war.

Auf diesem ganzen Weg gibt es einige Momente, an denen man denken könnte: Hätte ich das lieber einmal anders gemacht. Davon halte ich gar nichts. Ich sage lieber: Bereue nichts. Während der Arbeit an diesem Buch musste ich die schwere Entscheidung treffen, das Karo Kauer Café zu schließen.

Für mich war das Café nie ein Projekt, mit dem ich Geld verdienen wollte. Ich wollte damit einen Ort schaffen, an dem sich die Leute wohlfühlen. Ich dachte an all die Menschen, die extra nach Eislingen kamen wegen uns, und wollte ihnen etwas Gutes tun. Ich hatte das Gefühl, das meinen Followern schuldig zu sein. Mir war bewusst, dass ich mit zwanzig Plätzen niemals genug Umsatz erwirtschaften würde, um Gewinn abzuwerfen, weshalb es mein Ziel war, dass das Café am Ende des Monats auf null herauslief. Schnell führten wir zu dem normalen Tagesbetrieb die Afterwork-Events ein, zu dem nachher das CAYA wurde. CAYA, weil wir die Reihe *Come As You Are* genannt hatten und die sich zu einem festen Termin im Kalender etablierte. Donnerstagabend war CAYA, das war gesetzt. Damit konnten wir zwar Erfolge verbuchen, jedoch befanden wir uns immer noch in Schieflage. In aller Offenheit: Das Café erwirtschaftete monatlich ein Minus von zwanzigtausend Euro. Das ist sehr viel Geld. Und so sehr es mir am Herzen liegt, so viel Herzblut und Arbeit wir in das Café gesteckt haben, musste ich irgendwann die vernünftige, wenn auch schwere Entscheidung treffen. Das gehört bei einer unternehmerischen Reise dazu. Mit dem Café bin ich gescheitert. Zum ersten Mal habe ich meine klar definierten Ziele nicht erreicht. Und den-

73

noch bin ich stolz. Ich bin stolz, was wir trotz aller Unwissenheit über Gastronomie auf die Beine gestellt haben. Ich bin stolz, dass ich all meine Kraft und meinen Willen in diese Idee gesteckt habe. Ich bereue nichts und ich weine keinem verlorenen Cent hinterher. Es war ein Versuch. Manchmal muss man einfach machen, muss man mutig sein, muss es versuchen – und dieses Mal hat es eben nicht geklappt.

Jeder einzelne Rückschlag, jedes einzelne Stolpern und jedes Aufprallen am Boden haben dafür gesorgt, dass ich jetzt dort stehe, wo ich bin. Wertvolle Wahrheiten wären mir ansonsten verborgen geblieben.

Dankbarkeit

Dankbar zu sein, sollte immer selbstverständlich bleiben.

Dankbarkeit ist eine der wichtigsten Währungen, die wir haben. Davon bin ich felsenfest überzeugt. Sie ist das, was uns hilft, die Bodenhaftung nicht zu verlieren und all das Gute, was uns im Leben begegnet, nicht als selbstverständlich anzusehen. Denn selbst wenn man alles auf der Welt haben könnte, sind es doch meist die kleinen Dinge, die ganz besonderen Momente ohne monetären Wert, die das Leben ausmachen: am Wochenende mit einem Kaffee in der Hand einen Sonnenaufgang anzuschauen, während gefühlt die ganze Welt noch schläft. Ein Lächeln, das einem eine fremde Person im Vorbeigehen schenkt. Der Geschmack der ersten Erdbeere, wenn es endlich wieder Frühling ist.

Wenn man die Freude an diesen Dingen aus den Augen verliert, dann bringen einem auch all die Besitztümer, die man hat, nichts.

Dankbarkeit ist für mich außerdem etwas, das ich üben muss. Praktizieren. Immer wieder ganz aktiv. Als ich damals mit fünfzehn Jahren auf der Suche nach einem Nebenjob die Geschäfte der Göppinger Innenstadt abgeklappert habe, wollte mich niemand einstellen. Als dann endlich eine Zusage kam, war ich überglücklich. Ich begann bei Woolworth an der Kasse zu arbeiten. Während die anderen aus meiner Klasse in ihrer Freizeit Eis essen gingen oder auf Spielplätzen abhingen, wie man das als Teenies nun mal so gemacht hat, saß ich bei Woolworth und zog ein Produkt nach dem anderen über das Kassenband. Ich vermisste aber nichts, denn ich war so dankbar für diese Möglichkeit. Wie ich schon erzählt hatte, war es mir in jungen Jahren schon immens wichtig, dass ich mein eigenes Geld verdiente. Außerdem war ich minderjährig und das bedeutet für Arbeitgeber einen entscheidenden Mehraufwand. Ich hängte mich also richtig ins Zeug, arbeitete mit Fleiß und Engagement. Ich denke, noch nie hat jemand so ambitioniert Artikel gescannt und Kund:innen abkassiert wie ich. Ganz ehrlich. Mein Fleiß zahlte sich aus, bald schon wurde mir mehr Verantwortung übertragen – bis hin zur Einarbeitung von neuen Mitarbeitenden. Mit diesem ersten Job verdiente ich nicht nur mein erstes eigenes Geld. Ich erfuhr auch zum ersten Mal, wie es sich anfühlt, wenn einem Wertschätzung aufgrund seiner Leistung und seiner Person entgegengebracht wird. Ich war mit Abstand die Jüngste im Team und dennoch hatten meine Vorgesetzten ein solches Vertrauen in mich, dass sie mir immer mehr Verantwortung übertrugen. Und ich muss sagen, ich mochte dieses Gefühl. Wertschätzung hat nicht nur etwas mit Gehalt, Prämie oder Goodies zu tun. Wertschätzung kann durch einfache Worte wie „Ich sehe, was du leistest" ausgedrückt werden. Auch hier sind es oftmals die kleinen Dinge, die besonders wichtig sind. Dass man manchmal wertschätzende Worte einfach hören muss, musste ich auch lernen. Ich würde mich schon als eine Person betrachten, die mit viel Dankbarkeit durchs Leben geht. Ich halte nichts in meinem Leben für selbstverständlich. Natürlich kann man Dankbarkeit nicht für alles immer gleich hoch ansetzen, manche Dinge nutzen sich über die Zeit etwas ab. Was meine ich damit? Beispielsweise bin ich früher bei jedem Paket, das mich erreicht hat, ausgeflippt vor Freude. Ich war jedes Mal aufs Neue ganz aufgeregt, so besonders war es für mich, dass Firmen mit mir zusammenarbeiten wollten und mir ihre Produkte schickten. Es ist immer noch etwas Besonderes für mich und ich bin nach wie vor dankbar für diesen Job, den ich machen darf. Aber ich will auch ganz ehrlich sein: Mit der Zeit stellt sich eine Gewöhnung ein. Ich freue mich natürlich immer noch sehr darüber, aber die völlige Ekstase wie vor zehn Jahren lösen diese Pakete nicht mehr aus. Ich will nicht undankbar erscheinen, ich glaube tatsächlich, dass es ganz normal ist, sich an das eine oder das andere zu gewöhnen. Das heißt ja nicht, dass man es für selbstverständlich hält. Man rastet nur nicht mehr jedes Mal komplett aus und das ist doch eigentlich eine ganz gute Entwicklung.

Wie wichtig jedoch ein simples Dankeschön sein kann, lernte ich mit der Eröffnung des Buntweberei-Areals in Eislingen, auf dem sich auch unser Büro, der Store und das mittlerweile geschlossene Café befinden. Die Eröffnungsfeier sollte das ganze Wochenende über stattfinden, wir hatten für jeden einzelnen Tag ein Programm geplant. Freitags sollte das Softopening auf Einladung stattfinden. Wir hatten verschiedene Influencer eingeladen, mit denen wir gemeinsam den Store eröffneten und die das erste Probeessen im Café kosten durften. Für den Abend war auf dem gesamten Areal eine große Gala mit Dinner geplant, eingeladen waren alle Menschen, die irgendwie an dem Projekt beteiligt waren. Am Samstag fand die Eröffnung für die Öffentlichkeit mit unterschiedlichsten Attraktionen statt. Die Schlange an Menschen, die in den Store oder ins Café wollten, zog sich über das gesamte Gelände. Ich erinnere mich bis heute, wie überwältigt ich war. Sonntags sollte es gemütlich werden. Im Hof des Areals wollten wir Bierbänke aufstellen für ein geselliges Beisammensein mit Livemusik – *Hocketse* nennen wir das bei uns. Alles in allem ein volles Programm, das so erst einmal auf die Beine gestellt werden musste.

Etwa zwei Wochen vor dem Eröffnungswochenende waren so Tage, an denen wirklich alles zusammenkam: Die Trennung von Ben war noch nicht lange her, die von meiner Geschäftspartnerin auch nicht, wir hatten viel Stress bei der Planung und Vorbereitung der Eröffnung nebst unseren alltäglichen Arbeiten, und natürlich die über allem liegende Aufregung nicht zu vergessen. Die Konzepte für den Store und das Café waren noch nicht finalisiert, es gab noch zahlreiche offene Fragen. Eine davon lautete, wie eigentlich die Karte im Karo Kauer Café aussehen sollte. Da meine Mama Gabriela die talentierteste Köchin ist, die ich kenne, plante sie das gastronomische Konzept. Wir nahmen uns einen

Nachmittag Zeit und fuhren nach Stuttgart. Dort hatten wir uns einige Cafés ausgesucht, die wir spannend fanden. Wir wollten uns anschauen, was sie auf ihrer Karte hatten und wie sie ihre Speisen präsentierten. Klassisches Scouting: Wenn man eine Idee hat, schaut man sich als Erstes an, was andere machen und wieso sie erfolgreich damit sind. Wir klapperten also ein Café nach dem anderen ab, ich hatte die ganze Zeit mein Handy in der Hand, da ich im Prinzip eine Standleitung nach Eislingen hatte, um die Planung per Telefon zu unterstützen. Gleichzeitig wollte ich meiner Mama und unserem Auftrag in Stuttgart volle Aufmerksamkeit schenken. Ich weiß schon gar nicht mehr, in welchem Café wir waren, als ich schließlich umkippte. Mitten im Gespräch wurde mir von jetzt auf gleich schwarz vor Augen und einen Moment später lag ich bewusstlos auf dem Boden. Die hinter mir liegenden Wochen und Monate waren einfach zu viel gewesen. Irgendjemand hatte einen Krankenwagen gerufen, und die Diagnose der Rettungssanitäter:innen lautete: völlige Erschöpfung. Nichts, was ich mit einer ordentlichen Mütze Schlaf nicht wieder hinbekommen würde, dachte ich mir. Doch diese Rechnung hatte ich ohne meine Familie und ohne mein Team gemacht. Als ich am nächsten Tag ins Büro kam, sprachen sie mir ein offizielles Arbeitsverbot aus. Ich musste auf dem Absatz kehrtmachen und wieder nach Hause fahren. Die letzten beiden Wochen vor der Eröffnung, die wichtigste und intensivste Phase – und ich sollte zu Hause bleiben. Aber sie hatten recht. Mein ganzer Körper schrie nach Ruhe, doch mein Kopf rotierte weiter. Ich schlief viel, ganz abschalten konnte ich aber nicht. Also stellte ich mich zu meiner Mutter in die Küche und half ihr, neue Rezepte auszuprobieren und zu kreieren. So hatte ich das Gefühl, etwas zu den Planungen beitragen zu können, und gleichzeitig passierte das eigentlich Erstaunliche: Ich entspannte mich. Gemeinsam mit meiner Mama in der Küche zu stehen, Gemüse zu schälen und Obst zu schnippeln war genau die Art von Ablenkung und Ruhe, die mein Kopf brauchte. Als das Eröffnungswochenende begann, war ich wieder bei Kräften. Mein Team hatte die gesamte restliche Planung übernommen und es war einfach perfekt geworden. Die Tage rauschten an uns vorbei und alle waren glücklich. Sowohl die Besucher:innen als auch wir. Während wir am Sonntag unsere letzten Kräfte mobilisierten, erreichte mich ein Anruf. Es war Paul Ripke, der auch damals schon ein ganz enger Freund war und den ich gerade auch für seine Spontaneität mag. Er hatte es leider nicht zur Eröffnung geschafft und meldete sich für den folgenden Tag an, damit er sich anschauen konnte, was wir da geschaffen hatten. Außerdem geschah das, was zwangsläufig passiert, wenn zwei Menschen aus dem Internet zusammenkommen: Was wir uns Cooles für die Community ausdenken könnten, fragte er mich. Obwohl die letzten drei Tage anstrengend gewesen waren, war ich sofort Feuer und Flamme und eine Minute später stand unsere Idee. Wir würden einen Livepodcast aufnehmen und Publikum dazu einladen. Daraufhin startete ich eine Umfrage, wer aus meiner Community wohl dabei wäre. Ihr kennt das ja inzwischen von mir, dass ich ganz oft unterschätze, wie die Resonanz ausfällt. Natürlich war

das auch in diesem Fall so und als ich am Montagmorgen direkt
nach dem Aufwachen auf mein Handy schaute, hatte ich sieben-
hundert Zusagen erhalten. Ich hatte noch nicht einmal meine De-
cke zurückgeschlagen, da schickte ich direkt eine Sprachnachricht
an mein Team. Ich erzählte, was Paul und ich uns ausgedacht hatten, dass das schon wieder viel größer werden würde als gedacht
und dass wir ein Problem hatten. Und was wir nun in der Kürze
der Zeit aus dem Boden stampfen müssten. Ich verteilte direkt die
Aufgaben und zählte auf, um was sich mein Team und um was ich
mich kümmern würde.

Ich schickte die Nachricht ab, stand auf und startete in den
Tag. Als die ersten Reaktionen auf meinem Handy eintrudelten,
merkte ich schon, dass die Stimmung nicht gut war. Die Antworten waren verhalten und es klang ganz deutlich durch, dass niemand Lust hatte, sich zu kümmern. Kurzerhand entschied ich, die
Vorbereitung allein zu übernehmen, und sagte das meinem Team
auch so. Ich fragte Freunde und schaffte es mit ihrer Hilfe, den
Podcast auf die Beine zu stellen. Direkt nach der Aufnahme bin
ich mit Paul abgereist, da wir die ganze Woche gemeinsam auf
Events unterwegs waren. Ich war in der Zwischenzeit also nicht
noch mal im Büro gewesen. Nach ein paar Tagen rief Benny mich
an. Ich sollte das nächste Event absagen und zurück nach Eislingen kommen, es sei wirklich dringend. Und wenn der besonnene
Benny das sagt, dann ist das wahr. Ich cancelte meinen restlichen
Trip und fuhr nach Hause. Im Büro angekommen, nahm ich die
eisige Stimmung schon an der Eingangstür wahr. Ich hatte keine

Ahnung, was passiert war. Bis mich mein Team darauf hinwies: Fünfunddreißig Leute saßen vor mir und bemängelten, dass sie nicht ein einziges „Danke" von mir gehört hätten für die Organisation des Eröffnungswochenendes. Dass ich stattdessen nahtlos übergegangen wäre zu den nächsten To-dos für den Livepodcast. In einer Sprachnachricht, die jede:r von ihnen als unfreundlich empfunden hatte. Dieses Feedback traf mich tief. Zum einen, weil ich natürlich nicht als unfreundliche Person auftreten will. Und zum anderen, weil sie recht hatten. In meinem Inneren hatte ich die ganze Zeit eine solche Dankbarkeit verspürt für die Arbeit, die sie geleistet hatten. Nur leider kann niemand in meinen Kopf schauen. Ich hatte es einfach nicht auf dem Schirm gehabt, meine Wertschätzung für ihren Einsatz auch zu formulieren. Außerdem konnte ich nicht davon ausgehen, dass sie ja *schon wussten*, wie dankbar ich ihnen war. Ich nahm diesen Vorfall zum Anlass, aufmerksamer zu werden. Natürlich dauerte es eine Weile, bis der entstandene Bruch ganz verheilt war. Ich achtete mehr auf Kleinigkeiten, ich gab mir Mühe, auch die unsichtbaren Arbeiten zu sehen. So auch denjenigen meine Dankbarkeit zu zeigen, die beispielsweise im E-Commerce tätig waren. Alles, was im Hintergrund eines Onlineshops oder einer Website passiert, wie technischer Support oder ein Warenwirtschaftssystem. Das sind Arbeiten, die man nicht in den Händen halten kann oder die sofort einen Effekt erzeugen – auf den man reagieren könnte. Und dennoch sind sie wahnsinnig wichtig, weil sie das Fundament des Ganzen bilden.

Diese Erfahrung hat mir gezeigt, dass auch ich einmal die Boden-haftung verlieren kann. Gar nicht, weil ich zu einem Höhenflug aufgebrochen war, sondern weil ich vor lauter Aufregung und Ereignisdichte das Wesentliche aus den Augen verloren hatte. Dabei ist es essenziell, sich immer wieder zu erden. Es gibt vier Dinge, die mir dabei helfen. Zum einen, dass man eben nichts als selbstver-ständlich ansehen darf. Dann meine Kindheit, in der es wenig gab und in der ich dennoch das Gefühl hatte, viel zu haben. Dabei sah ich den Unterschied zu meinen Freunden ganz deutlich. Wenn jemand in einem richtigen Haus wohnte, dachte ich, dass diese Familie sehr reich sein muss. Oder wenn sie von ihren Urlauben und speziell den Skiferien erzählten. Winterurlaub war für mich et-was, das nur Menschen mit wirklich viel Geld machten. Wenn wir „Urlaub" machten, fuhren wir zur Familie nach Polen. Das war Urlaub. Meinen ersten richtigen Urlaub habe ich mit siebzehn ge-macht, als ich mit meinem damaligen Freund all-inclusive in die Türkei geflogen bin. Mir fiel auch auf, dass die anderen Mütter gar nicht oder nur wenig arbeiteten, ganz sicher aber nie in mehr als einen Job. Meine Mutter hatte drei Jobs: Sie arbeitete bei meinem Vater, in einer Wäscherei und kellnerte am Wochenende. Einmal hat es einen Vorfall gegeben, der mich realisieren ließ, wie nah am Existenzminimum wir lebten. Es war Mitte der 2000er-Jahre, als auf Viva und MTV den ganzen Tag Werbung für Handyklingel-töne liefen. Mein Bruder Severin und ich tappten natürlich in die Falle des Jamba-Sparabos und hatten den ganzen Tag irgend-welche polyfonen Klingeltöne heruntergeladen. Kurz darauf lag die Rechnung im Briefkasten: Neunhundert Euro hatte der Spaß gekostet. Noch nie zuvor und nie wieder danach habe ich meine Eltern so wütend erlebt. Sie waren nicht nur sauer wegen unseres leichtsinnigen Verhaltens, nein, darunter lag die schiere Existenzangst. Weil eine Rechnung über neunhundert Euro ein gewaltiges Loch in die fragilen Finanzen meiner Familie riss.

Auch wenn ich mir viel aufgebaut und erarbeitet habe, habe ich nicht vergessen, woher ich komme. Ich weiß, wie es ist, auf Sparflamme zu leben. Ich weiß, wie es ist, auf gar keiner Flamme zu leben. Ich habe keine Angst davor, wieder an diesen Punkt zu kommen, denn ich weiß, dass ich mit allem klarkomme. Weil ich mir nicht zu schade bin zu arbeiten, egal welcher Job das wäre. Ich würde mich auch heute wieder an die Kasse bei Woolworth setzen, wenn es nötig wäre.

Meine Eltern haben mir vorgelebt, dass man auch mit wenig Geld ein glückliches Leben mit schönen Erlebnissen führen kann. Gemeinsame Radtouren oder ein Angelausflug am Wochenende. Und dass man immer etwas zu geben hat. Über die Weihnachtsfeiertage sind wir immer zu unserer Familie nach Polen gefahren. Trotz der eigenen Schulden haben meine Eltern den Kofferraum vollgepackt mit Süßigkeiten, Kaffee, Klamotten oder Essen. Ich habe damals schon verstanden, dass wir das Geld für diese Geschenke eigentlich nicht hatten. Aber dass ihnen das Teilen wichtiger war – und es bis heute ist. Diese Eigenart ist voll auf mich übergegangen. Ich würde mein letztes Hemd teilen und ich teile mit Freude. Wenn ich mich über etwas freue, will ich das sofort mit meinen Liebsten teilen – ob es sich dabei um etwas Emotionales, Materielles oder Finanzielles handelt, ist völlig egal. Richtig glücklich bin ich erst, wenn auch andere etwas davon haben.

Meinen Eltern war es nur selten möglich, uns neue Kleider zu kaufen. Stattdessen bekamen wir von einer befreundeten Familie die aussortierte Kleidung geschenkt. Ein oder zwei Mal im Jahr kam mein Vater mit großen blauen Säcken nach Hause und das war der Tag, der sich für mich wie Weihnachten anfühlte. Denn ich wusste, dass es nun neue Klamotten gab. Mag sein, dass sie eigentlich abgetragen waren, aber für mich waren sie wie neu. Meine Affinität zu Mode habe ich auf jeden Fall von meiner Mama geerbt und auch ihr Bewusstsein für Stil. Sie kleidete mich mit den Schätzen aus den blauen Säcken ein und ich veranstaltete jedes Mal eine Modenschau. In diesen besonderen Momenten fühlte ich mich reich und beschenkt.

Auch mein Zuhause ist etwas, das mich erdet. Für mich war immer klar, dass ich in Eislingen bleibe. Und glaubt mir, es hat einige Momente gegeben, in denen ich darüber nachgedacht oder mit anderen Influencer:innen gesprochen habe, ob nicht Berlin, Hamburg oder Köln bessere Alternativen wären. Beruflich wäre es das wohl definitiv, denn was Social Media angeht, steckt der Süden Deutschlands noch in den Kinderschuhen. Da gibt es in anderen Städten ganz andere Möglichkeiten. Und dennoch: Weggehen war nie eine Option für mich. Ist es nicht und wird es garantiert nie sein. Auch Eislingen bedeutet für mich zu wissen, wo ich herkomme. Dieses Gefühl, ein zu Hause zu haben, ist unbeschreiblich wichtig für mich. Ich liebe Großstädte, ich liebe die Möglichkeiten dort, das Flirren und Wuseln, die Energie, die sich dort durch die Straßen schiebt. Ich liebe sogar, dass dort so vieles mehr Schein ist als Sein. Aber auch nur, weil ich es nicht jeden Tag mitmachen muss. Jedes Mal, wenn ich von einem Event aus eben so einer Großstadt zurück nach Eislingen komme, merke ich noch vor dem Ortsschild, wie ruhig ich werde. Mein ganzes System entspannt sich. Denn Eislingen ist für mich die normale Welt. Auf einem Event in Berlin bin ich Karo Kauer, doch zurück in Eislingen bin ich Karo. Die morgens beim Bäcker Brezeln fürs Büro holt. Von den Menschen in Eislingen spricht mich niemand an oder will ein Foto mit mir. Die erinnern sich eher noch daran, dass ich früher im Fußballverein gespielt habe. Oder eben, wie ich bei Woolworth an der Kasse saß. Diesen Raum zu haben, auch einfach nur die Karo von früher zu sein, halte ich für immer wichtiger, je größer die Marke Karo Kauer wird.

Abschließend erdet mich die Wahrheit, dass alles immer anders kommt, als man denkt oder geplant hat. Man hat einfach keine Kontrolle darüber, wie das Leben so läuft, und je eher man seinen Frieden mit dieser Erkenntnis macht, desto leichter lebt es sich. Wie schon erwähnt, habe ich in meiner Jugend jahrelang als linke Innenverteidigerin Fußball gespielt, zehn Jahre davon in der Oberliga. Ich liebte den Fußball, und Sport als solcher war mir so wichtig, dass ich mich dazu entschieden hatte, ein Sportabitur zu machen. Sport war demnach eines der Fächer, in denen ich eine Prüfung ablegen musste. Mein Leben nach dem Abitur hatte ich auch schon ganz genau vor Augen: Ich wollte Psychologie studieren, da ich Menschen gut zuhören konnte und den menschlichen Geist superspannend fand. Zwei Tage vor der Sportprüfung fand noch ein Fußballspiel statt, für das ich mich trotz der Bedenken meiner Eltern aufstellen ließ. Ich war leichtsinnig genug, sie damit zu beruhigen, dass sowieso nichts passieren würde. Außerdem könnte ich jederzeit genauso von einem Auto angefahren werden. Gut, es kam, wie es kommen musste: Ich zog mir bei genau diesem Spiel eine schwere Knieverletzung zu. Bevor ich wusste, wie viele Operationen diese Verletzung nach sich ziehen würde, war mir klar, dass ich meine Sportprüfung nicht ablegen, damit mein Abitur nicht machen und auch mein Studium erst mal nicht beginnen konnte. Ich würde ein Jahr warten müssen, um meine Prüfungen nachzuholen. Während dieses Jahres hatte ich die Wahl, nichts zu machen oder meine Zeit anders zu nutzen. Ich entschied mich für Letzteres und begann meine Ausbildung als Personaldienstleistungskauffrau bei der Zeitarbeitsfirma. Nach einem Jahr holte ich meine Sportprüfung nach und hielt endlich mein Abiturzeugnis in den Händen. An ein Psychologiestudium dachte ich in dem Moment dennoch nicht, da ich meine begonnene Ausbildung zu Ende machen wollte. Und in der Zeit bis zum Abschluss der Ausbildung drehte sich mein Leben in eine komplett neue Richtung: Ich hatte einen Job und verdiente Geld, ich lernte Ben kennen, wir bauten uns ein gemeinsames Leben auf, und ich begann mit Instagram. Mir gefiel, dass ich mitten im Leben stand und mir schon etwas aufgebaut hatte, während andere in der Universität bei Vorlesungen saßen. Ich vermisste damals nichts und tue es auch heute nicht. Denn wenn alles nach Plan gelaufen wäre, würde ich heute vermutlich als Psychologin arbeiten und ein ganz anderes Leben führen. Ein Leben, das mit Sicherheit auch gut und schön wäre – aber eben nicht meines.

Erinnert ihr euch, wie ich zu Beginn des Kapitels erzählte, dass es doch auch Dinge gibt, die sich mit der Zeit immer selbstverständlicher anfühlen? Gerade zur Weihnachtszeit und zum Jahreswechsel erreichen mich besonders viele Pakete von meinen Kooperationspartnern. So auch im vergangenen Jahr, der ganze Tisch in meinem Büro war über und über beladen mit Paketen. Dieser Anblick war enorm, ich fühlte mich wie ein Kind an Weihnachten. Doch wirklich beschenkt und dankbar war ich, als ich all die handschriftlichen Karten dazu sah. In fast jedem Paket lag eine Karte mit einer Notiz an mich – und das war das größte Geschenk von allen. Da hatte sich jemand die Zeit genommen, diese Karte zu verfassen. Sich die Mühe gemacht, schöne Worte zu finden und aufzuschreiben. Ich fühlte mich wirklich wertgeschätzt. Und das war unglaublich schön.

Selbstbewusstsein

*Ich habe meine Stimme gefunden – und damit
mein Selbstbewusstsein.*

Es musste erst 2024 werden, bis ich aufrichtig sagen konnte: Ja, ich habe ein gesundes Selbstbewusstsein.

Jetzt, mit Anfang, fast Mitte dreißig, weiß ich wirklich, wer ich bin. Ich weiß, was ich kann. Ich weiß, woran ich noch arbeiten will. Ich kenne meine Stärken, ich vertraue mir, in jeder Situation, zu einhundert Prozent. Das war nicht immer so.

Auch wenn das vielleicht anders gewirkt haben mag, war ich früher viel unsicherer als heute. Wenn ich nun alte Videos oder Posts von mir anschaue, sehe ich so viele Selbstzweifel und Unsicherheiten in diesen Bildern: die schüchterne Körperhaltung, der verschreckte Blick. Ich präsentierte mich der Welt und gleichzeitig wollte ich mich auf eine Art vor ihr verstecken. Mein heutiges Selbstbewusstsein ist nichts, was von allein zu mir gekommen ist. Es ist auch nichts, wozu ich mich eines Tages aktiv entschieden hätte. Nein, ich wurde mehr oder weniger dazu gezwungen. Ganz einfach, indem ich aus meiner Komfortzone geschubst wurde – und mein ganzes bisheriges Leben in sich zusammenrasselte wie ein Kartenhaus. Ganz konkret meine ich damit die Trennung von Ben. Dieses Ereignis hat eine ganze Lawine weiterer Veränderungen nach sich gezogen, die mich buchstäblich dazu zwangen, über mich hinauszuwachsen. Und nichts anderes ist Selbstbewusstsein am Ende: das Wissen, dass ich alles schaffen kann.

Ich glaube, was meiner Ehe passiert ist, ist genau das, was in den meisten geschiedenen Ehen geschehen ist. Nach zehn gemeinsamen Jahren haben wir uns einfach im Alltagstaumel verloren. Wir haben das Wir verloren und die Fähigkeit, uns wirklich wahrzunehmen. Ich weiß noch, dass ich an einem Abend, ungefähr ein Jahr bevor es zur tatsächlichen Trennung kam, zu Ben meinte, dass ich so nicht mehr weitermachen konnte. Es entbrannte eine Diskussion, wie es sie schon tausendfach vorher gegeben hatte. Wir waren festgefahren, es musste sich etwas ändern, doch wir konnten oder wollten uns nicht verändern. Auch hier werden sich viele Menschen mit gescheiterten Beziehungen wiedererkennen.

Heute bin ich mir sicher, dass dieser Abend damals der Punkt gewesen ist, an dem ich erkannte, dass wir nicht mehr zueinanderfinden würden. Zu oft hatten wir es versucht und doch nie einen Ausweg aus diesem Teufelskreis gefunden. Erst sehr viel später ist mir klar geworden, dass ich mich in diesem Jahr innerlich schon distanzierte und emotional löste – bis wir uns dann endgültig trennten. Denn die Entscheidung, sich zu trennen, wird für gewöhnlich um einiges früher getroffen, als die tatsächliche Trennung stattfindet. In meinem Fall war es auch keine bewusste Entscheidung in diesem Moment. Wie gesagt, heute kann ich den Blick zurückwerfen und meinen Finger auf diese Situation legen. Doch damals breitete sich in mir nur eine große Traurigkeit aus, die ein Jahr lang nicht mehr weichen wollte. Denn auch wenn ich vielleicht immer wieder an Trennung dachte, wusste ich doch, was das für Auswirkungen hätte. Ich wollte es für die Kinder schaffen, und ich wollte auch nicht wahrhaben, dass wir endgültig gescheitert waren. Dennoch musste ich einsehen, dass wir uns nicht ändern würden. Keiner von uns konnte seinen Charakter grundlegend ändern – und keiner von uns wollte das. Ich wollte gar nicht, dass sich jemand für mich veränderte. Ganz einfach, weil ich mich ebenfalls nicht für jemanden verändern möchte.

Ich will nicht sagen, dass unsere Trennung mich gebrochen hat. Doch damals fühlte sich das so an. Sie hat mich schwer mitgenommen und ich glaube, sie ist das Härteste gewesen, was ich jemals in meinem Leben durchstehen musste. Aber ich stand es durch. Und eben weil es so schwer war, bin ich derart daran gewachsen. Heute kann ich sagen, dass die Trennung für meine persönliche Entwicklung das Beste war, was mir jemals passieren konnte. Denn ich war gezwungen, für mich einzustehen. Eine Eigenschaft, die ich an Ben so schätzte, war seine Präsenz.

Und sein Durchsetzungsvermögen. Während ich die Aufmerksamkeit scheute, fiel es ihm leicht, im Mittelpunkt zu stehen. Ich konnte mich jederzeit hinter ihm verstecken und das tat ich auch nur zu gern. Egal, welches Problem vor uns lag, ich wusste, Ben würde es für mich lösen. Nach unserer Trennung fiel das alles weg. Plötzlich stand ich allein da. Und das nicht nur privat. Denn wir trennten uns ebenfalls unternehmerisch, was für mich bedeutete, dass ich all meine beruflichen Entscheidungen allein treffen musste. Ich kannte dieses Gefühl von Alleinsein nicht, weder unternehmerisch noch privat. Ich hatte seit meinem ersten Freund immer in Partnerschaften gelebt, vierzehn Jahre am Stück. Ich kannte mich nur als Wir, aber nicht, wer ich eigentlich war – ohne jemanden an meiner Seite. Am ersten Abend allein zu Hause, nachdem Ben ausgezogen war, saß ich auf dem Sofa und starrte gegen die Wand. Ich fühlte nichts als Leere und stellte mir immer wieder die gleiche Frage: Jetzt bin ich allein. Was mache ich denn jetzt?

Ich konnte mir schlichtweg nicht vorstellen, wie so ein Leben allein aussehen könnte. Wie war man denn, wenn man nicht Teil eines Teams war? Und wer? Was machte man mit seiner Zeit, wenn man sie nicht mit jemandem teilte? Wohin mit den eigenen Gedanken, wenn man sie nicht jemandem anvertraute? Ich war so überfordert mit dieser Unsicherheit, die einzig auf der Vorstellung beruhte, wie mein Leben nun aussehen würde, dass ich wie in Schockstarre stundenlang auf dem Sofa hockte. Diese Trennung bedeutete für mich nicht nur ein gebrochenes Herz und das

Scheitern eines gemeinsamen Lebensplans. Nein, für mich bedeutete sie auch, dass mir meine gesamte Komfortzone unter den Füßen weggerissen worden war.

Ich begann, mich Stück für Stück in meinem unbekannten Leben einzurichten und mich neu kennenzulernen: als Frau, als Mutter, als Unternehmerin. Zeiten des Aufbruchs sind immer aufregend und spannend. Vor allem, wenn man sie rückblickend betrachtet, kann man leicht das Gute daran sehen. Doch wenn man mittendrin steckt, fühlen sie sich meistens nur nach Sturm an. Momente, in denen ich voller Hoffnung und Tatendrang in meine Zukunft blickte, wurden direkt abgelöst von solchen, in denen ich weinend auf dem Bett saß und nicht wusste, wie ich den folgenden Tag überstehen sollte. Denn funktionieren musste ich ja dennoch, es gab Menschen, die sich auf mich verließen. Allen voran meine Kinder, aber auch mein Team und meine Kooperationspartner. Zwei Dinge haben mir in dieser Zeit besonders geholfen: zum einen die Tatsache, dass sich irgendwann ein Gefühl der Gewöhnung einstellt. Man lebt mit der neuen Situation, und der Sturm fühlt sich nicht mehr in jedem Moment völlig ungehemmt an. Zum anderen, dass ich damals einen für mich unglaublich wertvollen Menschen kennengelernt habe. Vielleicht war es Schicksal, dass Paul Ripke ausgerechnet zu dieser Zeit in mein Leben trat und er in kürzester Zeit zu einem engen Freund und einer wichtigen Vertrauensperson wurde.

Im November 2021 launchten wir unser Parfum NO"1. Kurz zuvor bekam ich eine Kooperationsanfrage von einem Weingut mit dem Vorschlag, einen gemeinsamen Wein zu kreieren. Mir gefiel die Idee, jedoch hatte ich mein Herz schon an ein anderes Weingut verloren. Denn ich liebte den Grauburgunder von Dreissigacker. Ich fackelte nicht lange und schrieb Dreissigacker über Instagram an. Meine Frage, ob sie nicht Lust auf eine gemeinsame Kooperation hätten, ließ das Team von Dreissigacker aus allen Wolken fallen, wie mir Jochen Dreissigacker, Inhaber des Weinguts, verriet. Sie willigten ein, einen Grauburgunder mit mir herauszubringen, da sie auch schon Erfahrungen mit solchen Kooperationen hatten. Beispielsweise hatten sie schon mit Paul Ripke zusammengearbeitet. Der Name war mir ein Begriff, hauptsächlich aus meinen Fotografiezeiten. Jedoch hatte ich Pauls Werdegang nicht weiterverfolgt.

Die Entstehung unseres gemeinsamen Weines begleitete ich komplett. Für einen Tag durfte ich sogar bei der Ernte helfen und Trauben stampfen. Ich erinnere mich, wie hektisch der Tag war, da uns das Wetter einen kleinen Strich durch die Rechnung machte und wir jede Sonnenstunde nutzen mussten. An diesem Tag sagte Jochen zu mir, dass er mich einmal mit Paul bekannt machen müsste, weil er glaubte, dass wir uns gut verstehen würden. Ich tat seinen Vorschlag etwas ab. Natürlich ist es immer gut, ein Netzwerk zu haben, ich wusste aber nicht, was ich mit diesem Kontakt anfangen sollte.

Kurze Zeit später – wir steckten gerade mitten in den finalen Vorbereitungen für unseren Parfumlaunch – entdeckte ich eine Nachricht von Paul Ripke in meinem Postfach. Er schrieb, dass er gerade mit Jochen zusammensäße und dieser ihm von mir und unserer Zusammenarbeit erzählt hätte. Für Paul war es völlig klar, dass der Wein Krauburgunder, also mit K, heißen müsste – und er schickte mir direkt das fertige Logo mit.

Paul ist wirklich der absolute Chief of Marketing, da er unentwegt großartige Ideen hat. Die scheinen einfach nur so aus ihm herauszusprudeln. Außerdem ist er, meiner Meinung nach, einer der wenigen, die sich wirklich „Content Creator" nennen dürfen. Denn er kreiert grandiose Geschichten am laufenden Band und schafft es, seine Community und seine Kooperationspartner immer wieder aufs Neue zu begeistern.

Ich war jedenfalls völlig überrascht von seiner Nachricht und gleichzeitig hingerissen von seiner Idee. Ich dankte ihm und lud ihn zu unserem Launchevent ein, das in einer kleinen Gärtnerei in Eislingen stattfinden sollte mit dem Dresscode „schick und schnieke". Das war superkurzfristig und ich rechnete mir keine großen Chancen aus, dass Paul Ripke nach Eislingen kam. Aber er sagte zu. Jedoch unter der Prämisse, dass er im Dresscode „Ripke" kommen würde. Damals wusste ich noch nicht, dass Paul nur in Shorts und Birkenstocks existiert.

Während mein Team ganz aufgeregt war, war ich wie immer zurückhaltender. Doch dann tauchte er wirklich auf. Den Moment unseres ersten, realen Aufeinandertreffens werde ich nie vergessen. Wir begrüßten uns mit einer innigen Umarmung und es fühlte sich an, als würden wir uns schon ewig kennen. Als würden sich zwei alte Freunde nach langer Zeit endlich wiedersehen – und nicht zwei Fremde zum ersten Mal. Ich kann es nur schwer in Worte fassen, aber ich glaube, wir haben uns einfach übereinander gefreut.

Außerdem lernte ich an diesem Abend über Paul, dass er niemals einfach nur so vor Ort ist. Nein, er schaute sich alles auf dem Event ganz genau an. Und war begeistert. Obwohl es kein Budget gegeben hatte, standen die namhaftesten Influencer:innen aus ganz Deutschland in einer Gärtnerei in Eislingen und feierten den Launch unseres ersten Parfums mit uns.

„Karo, das schafft nicht jede. Die Leute kommen nicht einfach so, vor allem nicht pro bono", sagte Paul. Meiner Ansicht nach war das der Dank dafür, dass ich auch immer am Start gewesen war, wenn mich jemand gebraucht hatte – Budget hin oder her.

Die zweite Sache, die er bemerkenswert fand, war das Marketing für das Parfum NO"1. Die Erstauflage umfasste sechstausend Flakons, die wir zu neunundachtzig Euro verkauften. Jedoch nur online. Niemand wusste also, wie dieses Parfum riecht – was bei einem derartigen Produkt das Wichtigste, wenn nicht das einzig Relevante ist. Jedoch hatte ich es geschafft, das Parfum in meinen Storys nicht nur zu promoten, sondern so emotional aufzuladen, dass alle es unbedingt haben wollten. Hinzu kam die gebündelte Reichweite meiner Kolleg:innen, die zum Launch eingeladen waren. Wir schafften es, die Erstauflage innerhalb weniger Stunden auszuverkaufen – ohne dass eine:r der Käufer:innen je zuvor an dem Parfum geschnuppert hatte.

Paul war so begeistert von dem Abend, dass er am nächsten Tag noch mehr sehen wollte. Er wollte sich Eislingen und meine Firma anschauen und ein Praktikum machen. Ich willigte ein, obwohl es im Büro chaotisch lief. Immerhin war das ja die Zeit der Trennungen für mich. Vielleicht stimmte ich aber auch genau deshalb zu, weil Paul und ich ja von Anfang an ganz alte Freunde waren. Es dauerte daher auch nur wenige Tage, bis ich ihm von all den schmerzhaften Themen erzählte, die ich zu stemmen hatte.

Er baute mich auf und sprach mir Mut zu. Ich konnte ihn mitten in der Nacht anrufen und er versicherte mir, dass ich alles richtig machte. In Zeiten, in denen man nicht an sich selbst glauben kann, ist es unglaublich wichtig, jemanden zu haben, der das für einen übernimmt. Ich weiß, dass das auch andere Menschen in meinem Leben getan haben, und ich bin ihnen äußerst dankbar dafür. Vielleicht bedeutete mir Pauls Zuspruch damals noch mal etwas anderes, vielleicht konnte ich ihm mehr glauben, weil wir uns gerade erst begegnet waren. Er kannte mich nicht seit meiner Kindheit, Jugend oder auch nur seit fünf Jahren. Nein, er hatte mich an meinem absoluten Tiefpunkt kennengelernt. Und während ich damit beschäftigt war, die Scherben meines Lebens aufzusammeln, sah er meine Stärken und all mein Potenzial. Er half mir, aus den Scherben eine ganz neue Vase zusammenzusetzen – viel schöner als die vorherige.

Während seines Praktikums sagte er zu mir, dass niemand wirklich mitbekommen würde, wie viel ich eigentlich leistete. Es war ein Tag, an dem es mir nicht gut ging, an dem ich stark an mir und allem zweifelte. Doch Paul sagte einen typischen Satz, der auch für mich ein Mantra geworden ist:

You are bigger than that.

Paul hat von Anfang an etwas in mir gesehen, was andere vielleicht nicht erkennen. Und was ich damals vermutlich auch nicht sah. Doch er half mir, ungefragt, unterstützte mich mit seinem Wissen, aber auch mit seiner Vehemenz. Bis heute schiebt er mich immer wieder aus meiner Komfortzone und zwingt mich dazu, Probleme oder Konflikte proaktiv zu lösen – und nicht darauf zu warten, dass sie von allein verschwinden oder die Gegenseite etwas unternimmt.

Bei einem dieser Gespräche sagte er noch einen Satz zu mir, der sich für immer in mein Gedächtnis einbrannte.

„Denk an meine Worte, Karo. Wenn wir uns in einem Jahr wiedersehen, wirst du noch erfolgreicher sein, als du es jetzt schon bist."

Und er sollte recht behalten. Heute bin ich erfolgreicher – als Unternehmerin, Mutter und Frau. Weil Erfolg auch Glück und Verständnis bedeutet. In all diese Bereiche bin ich langsam reingewachsen und habe mir mein neues Selbstverständnis unbewusst erarbeitet. Denn das Verständnis für und über sich selbst zu verändern, ist nichts, was über Nacht kommt. Und auch nichts, an dem man aktiv arbeiten kann. Zumindest war es bei mir nicht so. Viel eher haben sich neue Routinen etabliert. In Gesprächen habe ich mich mit meinen Antworten selbst überrascht, da sie so anders klangen im Vergleich zu dem, was ich nur wenige Monate zuvor gesagt hätte. Ich glaube, das Einzige, was ich in dieser Zeit wirklich aktiv steuern konnte, war meine Aufmerksamkeit. Die richtete ich auf alles, was ich tat, sagte oder dachte, und ich erstaunte mich selbst immer häufiger. Diese Momente waren so wichtig, weil sie mir zeigten, dass es weiterging. Dass ich vorankam.

Nach meiner Trennung – oder besser gesagt nach meinen Trennungen, denn auf die von Ben folgte ja direkt die Trennung von meiner früheren Geschäftspartnerin – habe ich meinem Bauchgefühl immer mehr vertraut. Über Intuition habe ich schon am Anfang des Buches ausführlich gesprochen und auch darüber, dass ich diesen Kompass schon immer in mir trug. Da ich plötzlich auf mich allein gestellt war, musste ich zum ersten Mal wirklich darauf hören. Diese Veränderung wirkte sich wie ein Katalysator auf die Zusammenarbeit zwischen mir und meiner Intuition aus. Ich erkannte all die Situationen, in denen ich das unangenehme Gefühl in meinem Bauch ignoriert hatte und die letztendlich zu schlechten Entscheidungen geführt hatten. Oder eben solchen, die mich auf lange Sicht nicht glücklich gemacht hatten und die ich nur eingegangen war, weil ich in diesem Setting gelebt und das auch irgendwie von mir selbst erwartet hatte. Nun, in diesem neuen Leben, in dem ich alles erst noch herausfinden musste, gab es nicht vieles, an dem ich mich festhalten konnte. Da war jeder Grashalm, der sich mir bot, umso wichtiger, hatte ich ja das Gefühl, mich im freien Fall zu befinden. Mein Bauchgefühl reichte mir zahlreiche solche Halme und navigierte mich entschlossen durch dieses unbekannte Terrain. Die Monate nach der Trennung sind der Grund dafür, dass ich mich seither immer – und wirklich jedes einzelne Mal – auf das verlasse, was meine Intuition mir sagt. Und auch selbstbewusst genug bin, diese Entscheidung zu vertreten, auch wenn ich die Einzige bin, die von ihr überzeugt ist.

Außerdem haben mich diese wertvollen Monate gelehrt, mich nicht mehr hinten anzustellen. Sondern mich und mein eigenes Glück auch mal an erster Stelle zu positionieren. Manchmal sogar noch vor den Kindern. Allein so etwas zu schreiben, kostet einiges an Selbstbewusstsein, aber ich will es erklären: Anfang 2023 führte ich eine kurze Beziehung. Schnell gingen wir von einem Kennenlernen zu festen Routinen über, die sich schon sehr nach einem gemeinsamen Leben anfühlten. Zum Beispiel sonntagabends gemeinsam mit den Kindern auf dem Sofa zu lümmeln. Und auch wenn ich mich genau danach gesehnt hatte, merkte ich, dass ich emotional nicht so weit war. Es gab zu viele Streitereien, zu viele Unstimmigkeiten. Ich hatte zu keinem Zeitpunkt das Gefühl von Ankommen, sondern mehr das Gefühl von Flucht – und das sollte es etwa gewesen sein? Das sollte mein Leben sein? Dafür habe ich mich von meinem Mann getrennt, um jetzt festzustellen, dass die neue Beziehung zwar den Kindern guttut, aber ich mich mal wieder in die letzte Reihe stelle, wenn es ums Glücklichsein geht? Ich verstand schnell, dass das nicht alles sein konnte. Ich war unglücklich. Sehr unglücklich.

Mein Bauch schickte mir Signale mit derselben Botschaft. Ob es daran lag, dass noch nicht alle Wunden meiner Vergangenheit verheilt waren, oder daran, dass er und ich einfach nicht kompatibel waren, wusste ich nicht. Es war aber auch nicht wichtig, denn es ging primär darum, dass diese Verbindung nicht passte. Ich beendete die Beziehung, ehe wirklich tiefe Emotionen entstehen konnten. Und das hätte die Karo von fünf Jahren zuvor nicht getan. Die hätte sich gedacht, dass er doch so gut mit den Kindern konnte. Und deren Glück war schließlich wichtiger als meines. Ich würde mich schon einrichten können, denn schlecht war die Beziehung ja nicht gewesen. Nur eben nicht ganz perfekt.

Ich hätte mein Wohl und mein Glück an die letzte Stelle gepackt, damit die Kinder diesen lieb gewonnenen Menschen weiter in ihrem Leben hätten. Jedoch ist auch Langfristigkeit etwas, das mir mit einem gesunden Selbstbewusstsein wichtig geworden ist. Denn wie lange hätte ich es in diesem Arrangement wohl ausgehalten? Sicher nicht für die Ewigkeit, und falls doch, dann auf Kosten meines eigenen Glücks. Und wenn ich nicht glücklich bin, bekommen Noah und Sophie das mit. Und leiden doppelt darunter. Kinder sind viel feinfühliger als Erwachsene. Deshalb mag die Aussage, dass ich mich selbst an erste Stelle setze, egoistisch klingen. Doch wenn man einmal darüber nachdenkt, führt dieser vermeintliche Egoismus dazu, dass wir alle ein glücklicheres Leben führen. Ich liebe mein Leben, ich liebe mich, ich liebe meine Kinder. Wenn ich mich jetzt verliebe, dann soll das die Kirsche auf meinem wunderbaren Leben sein – und kein Kompromiss. Dann will ich mich richtig verlieben, mit Schmetterlingen, den Wolken unter den Füßen und diesem leichten Wahnsinn, der die Augen zum Strahlen bringt. Ich will das ganze Paket und zwar nur für mich. Wenn ich das gefunden habe, dann stelle ich mir die Frage, ob die Kinder ihn mögen. Sie müssen von diesem Mann genauso begeistert sein wie ich, keine Frage. Es geht nämlich nicht darum, dass ihre Meinung weniger wichtig ist als mein Verliebtheitsgefühl. Wenn sie mit jemandem nicht leben können, kann ich das auch nicht. Ich habe einfach die Reihenfolge geändert. Zuerst muss ich für mich herausfinden, wer dieser potenzielle Partner sein könnte, und dann entscheiden die Kinder, ob auch sie ihn als Teil unserer kleinen Familie haben wollen.

Zuletzt lehrte mich die Trennung, dass ich viel zu gutmütig war. Und bin, denn diese Eigenschaft habe ich auch im Nachgang nicht geändert. Allein die Vorstellung, Menschen verletzen zu müssen, schmerzt mich. Immer wenn es sich vermeiden lässt, vermeide ich es auch. Einfach, indem ich nichts sage oder an der Situation ändere, auch wenn klar ist, dass mein Gegenüber im Unrecht ist. Ihn oder sie zu korrigieren, würde ihre Gefühle verletzen. Dann schweige ich lieber, auch wenn ich mich selbst damit verletze.

Ich mache das, weil ich glaube, dass ich so etwas besser verkraften kann als die andere Person. Dass ich auf eine Art stärker bin. Vielleicht fällt auch diese Erkenntnis unter Selbstbewusstsein: Ich weiß, dass ich so bin. Dann ist es halt so. Vielleicht wird sich Zukunftskaro um dieses Thema kümmern, vielleicht wird es auch immer so bleiben. Auf die eine oder andere Art bin ich fein damit – und mit mir.

Ich habe das Gefühl, dass sich mein Impact in den letzten drei Jahren noch mal geändert hat. Ja, wir haben das Jahr 2024 und dennoch: Die Resonanz, die ich jeden Tag bekomme, zeigt mir, dass mein Leben absolut nicht der Norm entspricht. Dabei rede ich gar nicht von mir als Influencerin, sondern von mir als alleinstehende Frau und Unternehmerin und alleinerziehende Mutter. Mich erreichen ganz neue Nachrichten. Von Frauen, die in Beziehungen stecken, die sie unglücklich machen. Von Frauen, die Angst vor der Ungewissheit nach einer Trennung haben. Von Frauen, die mich um Rat fragen. Aber auch von Frauen, die mir erzählen, dass sie mir folgen, meine Entwicklung miterlebt und dadurch den Mut gefasst haben, sich aus ihrer Beziehung zu lösen. Weil ich ihnen gezeigt habe, dass es immer irgendwie weitergeht. Ich möchte gar keine Wertung abgeben, ich sage weder, dass es gut ist, noch dass es schlecht ist, wenn Beziehungen beendet werden. Aber ich sehe, wie Frauen mutiger werden. Wie sie Entscheidungen für sich und ihr Leben treffen – und das macht mich glücklich. Manchmal glaube ich, dass viele unterschätzen, wie tief diese traditionellen Vorstellungen von Familien im Allgemeinen und Frauen im Besonderen in unseren Köpfen sitzen. Auch bei mir! Nach meiner Trennung habe ich mir Vorwürfe gemacht, dass ich meinen Kindern nicht die perfekte Familie bieten kann, und mich gefragt, ob ich wohl genug gekämpft hatte. Oder ob ich zu früh aufgegeben hatte und nun leichtsinnig mein Leben und mein Zuhause wegwarf. Konnte diese Entscheidung irgendwelche negativen Auswirkungen auf die Kinder haben? Würden sie die Trennung unbeschadet verkraften? Wieso schafften es andere Ehen und meine nicht? Social Media ist dabei ein Aspekt, der nicht zu verachten ist. Auf deinem Bildschirm wird dir immer die perfekte Welt vorgespielt. Man bekommt zutiefst private Einblicke in das Leben anderer Leute, die jedoch keine Probleme zu haben scheinen. Die nicht einmal vergessen, Milch einzukaufen. Auch wenn ich selbst Teil dieser Welt bin, musste ich mir damals bewusst machen, dass das Leben der anderen genauso wenig perfekt war wie meines. Sie wählten die Ausschnitte, die sie ihrem Publikum zeigten, sehr bewusst. Und das bedeutete nicht, dass ihre Beziehungen reibungslos liefen. Auch sie mussten Beziehungsarbeit leisten, so wie wir das auch getan oder zumindest versucht hatten. Aber letzten Endes mussten wir einsehen, dass es keinen Weg mehr zueinander gab. Zumindest nicht als Paar. Eine Trennung kann dabei immer auch die Chance sein, wieder als Eltern und damit auch als Familie zueinanderzufinden. Ich musste erst selbst die Erfahrung machen, wie sich das Leben außerhalb der Norm anfühlt, um feststellen zu können: Es ist super! Ich bin glücklich als alleinerziehende Mama und meine Kinder sind es auch. Denn jetzt haben sie Eltern, die, anstatt unglücklich miteinander zu sein, glücklich mit ihren jeweiligen Leben sind – und gleichzeitig weiterhin als Eltern ein Team für die Kinder sind. Ich will ganz ehrlich sein: Das hat seine Zeit gedauert. Natürlich hat es das. Es war nicht von Anfang an perfekt. Wir mussten erst neue Strukturen und Organisationen etablieren. Jede Situation barg neue Auseinandersetzungen, doch wir wussten, dass wir dieses Mal dasselbe wollten: die neue Lebenssituation für die Kinder bestmöglich zu gestalten. Und heute kann ich stolz sagen, dass Ben und ich das – mit allen Höhen und Tiefen – toll hinbekommen haben.

Genauso wie ich positive Rückmeldungen von meinen Follower:innen bekomme, landen natürlich auch die negativen in meinem Postfach. Es hat schon immer solche Kommentare gegeben, damit muss man rechnen, sobald man sich auf Social Media präsentiert. Doch hat sich auch der Inhalt dieser Nachrichten verändert, je ehrlicher und transparenter ich mich und mein Leben gezeigt habe. Diese Nachrichten haben mich früher sehr beschäftigt. Ich habe ihnen nicht nur zu viel Raum gegeben, ich habe sie auch als wahr angesehen. Was auch immer eine fremde Person über mich gedacht und geschrieben hat, war für mich wahr. Inzwischen können mir diese Nachrichten nichts mehr anhaben. Auch das ist eine Entwicklung, die ich meinem Selbstbewusstsein verdanke. Ich lese diese Mitteilungen und lasse den Leuten ihre Meinung. Sie kennen weder mich noch mein Leben, sie kennen nur das, was ich ihnen zeige. Und auch, wenn das sehr nah an mir dran ist, gibt es doch immer noch einen Unterschied zwischen Instagram und meinem Leben. Manchmal reagiere ich auch auf solche Nachrichten, beispielsweise, wenn ich das Gefühl habe, dass ich missverstanden wurde. Die allermeisten sind überrascht, dass ich ihnen überhaupt antworte. Das sagt meiner Meinung schon viel über den Wert einer *direct message* aus: In den seltensten Fällen ist den Leuten klar, dass diese Nachrichten wirklich gelesen werden, und noch seltener erwarten sie, dass ihnen geantwortet wird. Wenn ich auf negative Nachrichten antworte, wird das Missverständnis meist eingeräumt oder zurückgerudert. Es gibt natürlich den kleinen Rest, der auf seiner negativen Aussage beharren will. Aber auch das ist okay, denn das hat noch weniger mit mir zu tun. Da geht es nicht wirklich um meine Person, sondern diese Leute wollen einfach ihren Frust irgendwo abladen. Auch da denke ich mir: Sollen sie es machen, ich bin stärker, ich verkrafte das. Allerdings gibt es eine Ausnahme: wenn es um meine Kinder geht. Bei diesen Mitteilungen fühle ich bis heute einen Stich und kann das Gefühl „Was, wenn sie recht haben?" nicht ganz ablegen. Doch dann besinne ich mich immer wieder auf meine Wahrheit. Ich mache, was ich kann, um mein Leben unter einen Hut zu bekommen. Und ich schaffe es, jeden Tag aufs Neue. Ich vermittle meinen Kindern die richtigen Werte im Leben, ich lebe ihnen diese Werte buchstäblich vor. Ich zeige ihnen, was möglich ist, wenn man fleißig, freundlich und selbstbewusst ist. Ich lebe ihnen vor, wie glücklich ich mit meinem Leben bin. Und als Mama spürt man sehr genau, ob die eigenen Kinder es auch sind. Und dann sagen mir Noah und Sophie in manchen Momenten, dass sie stolz auf mich sind – und spätestens dann sind irgendwelche Nachrichten von fremden Leuten aus dem Internet vergessen.

Mitunter sind es nicht irgendwelche negativen Nachrichten, die für Kummer sorgen, sondern es sind einfach keine guten Tage. Die an der Widerstandsfähigkeit und dem Selbstwert knabbern. Manchmal kann man dagegen angehen. Und manchmal muss man einfach denken: Augen zu und durch. Die für mich wichtigste Regel für solche Tage ist ganz einfach: Jeder Tag geht irgendwann vorbei. Das ist eine unausweichliche Wahrheit und wenn es mal so absolut gar nicht läuft, dann hilft mir dieser Gedanke sehr. Bis heute fühle ich mich bei Shootings unsicher, wenn ich mit professionellen Models zusammenarbeite. Auf eine Art bin auch ich professionell, schließlich mache ich das schon seit zehn Jahren. Wenn ich mich selbst filme oder fotografiere, weiß ich genau, welche Pose wie auf dem Bild wirkt. Außerdem will ich mich gar nicht vergleichen, weil doch jede und jeder einzigartig ist und ich ebenso meine Einzigartigkeit gefunden habe. Doch bei diesen Begegnungen falle ich immer noch in alte Muster zurück. Meine Unsicherheit begleitet mich seit jeher, schließlich sind diese Models schöner, können sich besser bewegen, wirken viel souveräner ... die Liste ist lang. An solchen Tagen legt sich meine Unsicherheit wie ein Schatten über mich. Ich habe gelernt, dass es wohl noch eine Weile dauern wird, bis ich sie überwinden kann. Genau dann hilft mir der Gedanke, dass auch dieser Tag vorbeigeht. Ich konzentriere mich auf die positiven Aspekte des Tages – beispielsweise, wie toll die Models meine Liebe zu Fashion widerspiegeln und was für eine gute Zeit wir miteinander haben – und kann das kleine Nagen im Hinterkopf zumindest für kurze Zeit vergessen.

Irgendwann habe ich einen Post bei Instagram gesehen, ein Zitat, das ich mir direkt gespeichert habe und seitdem immer wieder anschaue, wenn ich einen solchen Tag habe. Es lautet: *If you stay positive in a negative situation, you win.*

Auch Selfcare ist ein Teil eines gesunden Selbstbewusstseins. Und ist dabei viel mehr als Gesichtsmasken und Gurkenwasser. Denn erst seit Kurzem weiß ich, was mir wirklich guttut. Was meine Batterien auflädt. Zum einen ist das eine nur für mich gestaltete Freizeit. Mein Alltag unterscheidet sich kaum von dem anderer Leute: Morgens bringe ich die Kinder in den Kindergarten und die Schule, dann fahre ich ins Büro und arbeite. Mittags sammle ich Noah und Sophie wieder ein, koche Mittagessen, wir machen Hausaufgaben und Erledigungen oder ich überlege mir ein Nachmittagsprogramm. So lange, bis es Zeit für das Abendessen und Schlafen ist. Sind die Kinder im Bett, arbeite ich meist noch mal ein bisschen. Falls sich jemand fragt, wie aufregend das Leben als Influencerin so ist, dem kann ich hiermit sagen: kaum. Meistens sind unsere Tage ganz normal und ich liebe es. Genau wie bei anderen Eltern ist auch meine Freizeit rar gesät. Wenn die Kinder ein Wochenende bei ihrem Vater oder den Großeltern verbringen, schmiede ich Pläne mit meinen Freund:innen. Erholung bedeutet für mich nicht, auf der Couch auszuspannen. Im Gegenteil, ich fühle mich richtig erholt, wenn ich mich zum Brunchen verabredet habe oder mit meinen Freund:innen feiern gehe. Ja, sogar ein eventueller Kater am nächsten Morgen lädt meinen Akku auf gewisse Art wieder auf. Weil ich in den letzten Jahren festgestellt habe, dass es wichtig für mich ist, mich auch als junge Frau ausleben zu können. Natürlich bin ich Mutter, natürlich bin ich Unternehmerin und beide dieser Rollen füllen mich und meine Zeit gut aus. Doch ich bin auch eine junge Frau und ich muss mir als solcher Raum geben. Ich will Erfahrungen machen, ich will mal leichtsinnig sein und bis um fünf Uhr morgens tanzen, auch wenn ich weiß, dass ich am nächsten Morgen um neun Uhr wieder fit sein muss. Doch vor allem will ich mich als Frau wahrnehmen und entwickeln. Heute weiß ich, dass ich alles sein kann und auch alles sein muss, um wirklich glücklich zu sein. Keiner dieser Anteile in mir – Frau, Mutter, Unternehmerin – ist größer oder wichtiger als der andere. Keiner ist besser oder schlechter oder ein Favorit. Denn nur mit allen dreien bin ich ich – einfach Karo.

Miteinander statt gegeneinander

*Miteinander statt gegeneinander: weil Ellbogen
zum Unterhaken da sind.*

Die *ABOUT YOU Awards* 2018 waren der Moment, an dem
ich ernsthaft überlegte, als Influencerin nicht weiterzumachen.
Noch nie zuvor in meinem Leben habe ich mich so minder-
wertig gefühlt wie bei diesem Event und zum ersten Mal, seit
ich vier Jahre zuvor mit Instagram begonnen hatte, musste ich
feststellen, in was für eine harte Branche ich da gerutscht war.
2017 hatte sich vieles für mich geändert: Damals hatte ich meine Nebenjobs im Solarium und als Kellnerin aufgegeben und ge-
wann ein großes Label als Kooperationspartner. Es war das Jahr
gewesen, in dem ich Instagram wirklich zu meiner Profession
gemacht hatte. Auf den *ABOUT YOU Awards* in München ein
Jahr später bot sich mir nun zum ersten Mal die Möglichkeit, die
Liga, in die ich inzwischen aufgestiegen war, hautnah mitzuerle-
ben. Ich traf all die anderen Influencer:innen, denen ich teilweise schon seit Jahren folgte. Ich hatte mich so darauf gefreut, sie
kennenzulernen, da ich ihre Arbeit schätzte. Womit ich jedoch

nicht gerechnet hatte, war die Ellbogenmentalität, die mir entgegenschlug. So gut wie niemand auf diesem Event wollte sich auf ein Gespräch mit mir einlassen. Ich wurde entweder ignoriert oder nach der Anzahl meiner Follower gefragt, noch bevor jemand meinen Namen wissen wollte. Daraufhin wurde ich doch wieder ignoriert. Ein wichtiger Part eines solchen Events ist natürlich das Protokollieren, also die Veranstaltung mit Bildern und Videos zu begleiten. Niemand wollte ein Foto mit mir machen. All die Menschen, die das Gleiche taten wie ich und auf deren Meinung und den gemeinsamen Austausch ich mich so gefreut hatte – behandelten mich wie Luft. Sie waren eine eingeschworene kleine Gemeinschaft, als Neue von außen reinzukommen, war unmöglich.

Direkt im Anschluss an die Preisverleihung flog ich mit meinem Ex-Mann, der mich begleitete, von München nach Hamburg zum nächsten Termin. Ich erinnere mich, wie still ich die ganze Zeit über gewesen war. In meinem Kopf und in meinem Herzen tobte ein Sturm. Denn auf der einen Seite liebte ich das, was ich machte, und Instagram bereitete mir mehr Spaß als jeder Job, den ich jemals ausgeübt hatte. Aber diese Mentalität, die ich bei dem Event zum ersten Mal so eiskalt zu spüren bekommen hatte, stand im Gegensatz zu allem, was mir wichtig war. Vielleicht war ich einfach nicht geschaffen für diese Welt. Ich überlegte ernsthaft, alles an den Nagel zu hängen, als ich eine Nachricht bei Instagram bekam. Überrascht zeigte ich sie meinem Ex-Mann. Elton hatte mir geschrieben, dass er mich eben am Hamburger Flughafen gesehen hätte. Ich war felsenfest davon überzeugt, dass es sich dabei um einen Fake handelte. Immerhin redeten wir hier von Elton, dem Mann, der seit Jahren die deutsche Fernsehlandschaft gestaltete, einem richtigen Promi! Dennoch ging ich das Risiko ein und antwortete ihm. Keine fünfzehn Minuten später trafen wir uns mitten im Gewusel des Hamburger Flughafens.

„Ich finde es so krass, dich hier zu treffen", sagte Elton und zeigte mir ganz ehrlich, wie begeistert er in diesem Moment war. Er erzählte, dass er mir schon länger folgte, und bat um einige Tipps. Seiner Meinung nach sei ich für ihn als Influencer eine Vorreiterin in diesem Bereich. Er lächelte mich an und hatte absolut keine Vorstellung davon, wie wichtig seine Worte für mich in diesem Moment waren. Balsam für meine Seele wäre eine absolute Untertreibung. Er fragte nach einem gemeinsamen Foto. Bis heute findet sich das Bild auf seinem Account und wenn man ganz genau hinschaut, kann man erkennen, wie verwirrt ich aussehe. Auf der einen Seite der Sturm in meinem Inneren und die ganz ernsthafte Überlegung, diese ganze Social-Media-Welt hinter mir zu lassen. Auf der anderen Seite Elton, dem gefällt, was ich mache, und der fragt, ob ich ihm irgendwas davon beibringen oder zeigen könnte. Ich weiß nicht, ob ich ihm das jemals so gesagt habe. Aber Elton, falls du das hier liest: Die Begegnung mit dir damals am Hamburger Flughafen war ein absoluter Wendepunkt für mich! Es war genau der Push, die Bestätigung, die ich in diesem Moment gebraucht habe. Es hat mir gezeigt, dass es da draußen Leute gab, die ebenfalls in dieser Medienwelt agierten und die gut fanden, was ich machte. Und dass diese Leute ihre Ellbogen eher dafür nutzten, sich gegenseitig freundschaftlich in die Seite zu stupsen. Und dieses Miteinander, dieses gegenseitige Helfen und Aufbauen waren Werte, die mir absolut entsprachen. Denn so bin ich aufgewachsen.

Zusammenhalt stand in unserer Familie immer über allem. Die Familie kommt an erster Stelle und man ist füreinander da – bedingungslos. So haben mein Bruder und ich auch nie etwas vermisst oder das Gefühl gehabt, unsere Eltern würden sich zu wenig um uns kümmern oder hätten keine Zeit für uns. Niemals hätte ich ihnen vorgeworfen, dass sie viel gearbeitet haben, denn das haben sie in der Tat. Aber sie haben auch dafür gesorgt, dass die Zeit, die wir miteinander verbrachten, wertvoll war. Weil sie uns ihre ganze Aufmerksamkeit schenkten. Wir vier waren ein Team und sind es bis heute. Nur dass wir jetzt nicht mehr nur zu viert sind, sondern eben ein paar mehr.

Mein Bruder war auch gleichzeitig mein bester Freund. Ich bin mir nicht sicher, ob ich auch seine beste Freundin war. Immerhin war ich die kleine Schwester und als solche konnte ich von Zeit zu Zeit nervig sein. Ich eiferte ihm in allem nach, habe mich in allen Bereichen mit ihm gemessen und verglichen. Vielleicht ist damals mein innerer Ehrgeiz entstanden. Nämlich ziemlich genau an der Eisdiele. Wenn Severin sich zwei Kugeln aussuchen durfte, wollte ich das auch. Doch damit nicht genug. Wenn die je zwei Kugeln auf unseren Eiswaffeln nicht exakt gleich hoch waren, musste meine Mutter nachjustieren. Mit Argusaugen beobachtete ich, ob wir am Ende wirklich genau gleich viel Eis in der Waffel hatten. Die Frage, ob ich überhaupt zwei Kugeln Eis schaffen würde, stellte sich mir gar nicht. Darum ging es auch nicht, es ging ums Prinzip. Und das lautete: Alles, was Severin hat und kann, will und kann ich auch.

Kinder, deren Eltern irgendwann aus einem anderen Land nach Deutschland gekommen waren, kennen das: Die ersten Freundschaften, die man als Kind hat, sind die zu den eigenen Geschwistern, Cousinen und Cousins. Was Freundschaft ist, lernt man im Familienverbund. Und so war Severin auch lange Zeit mein einziger Freund. Bis ich in der Nachbarschaft Freundinnen fand. Meine Eltern hatten nichts dagegen, dass ich Freundschaften außerhalb der Familie pflegte, ganz im Gegenteil. Meine Mutter gab mir aber schon damals mit auf den Weg, dass eine oder zwei richtig gute Freundinnen mehr wert waren als viele Freund:innen. Ich habe das zu jener Zeit nicht verstanden. Es war doch schön, wenn viele Kinder mit einem befreundet sein wollten? Was eine oberflächliche und was eine wirklich innige Freundschaft war, konnte ich noch nicht unterscheiden und ich fand den Rat meiner Mutter komisch. Doch schon im Kindergarten sollte ich lernen, was es damit auf sich hatte. Damals haben wir keine Kindergeburtstage gefeiert, so wie man das hier kennt: Man lädt ein paar Kinder ein, verbringt einen Nachmittag mit Spielen und Geschenken und wenn es ganz besonders sein sollte, fährt man ins Fast-Food-Restaurant. Zumindest war das früher das Nonplusultra. Zum einen konnten sich meine Eltern die Unterhaltung und Verpflegung für mehrere Kinder nicht leisten. Zum anderen kannten sie dieses Prinzip eines Kindergeburtstages auch nicht. Denn bei uns feierte man den Geburtstag im Kreis der Familie. Ich aber bekam im Kindergarten immer häufiger mit, wie andere ihre Geburtstage feierten. Ein Kind, mit dem ich oft spielte und mit dem ich mich gut verstand, feierte eines Tages Geburtstag. Jedoch lud mich das Kind nicht ein. Weil ich aus Polen kam. Natürlich verstand ich nicht, wieso der Umstand, dass meine Familie aus Polen stammte, ein Grund dafür war, mich nicht einzuladen. Aber den Stich, den diese Nichteinladung mir versetzte, den spürte ich ganz deutlich. Als ich meiner Mutter weinend in den Armen lag, tröstete sie mich mit den Worten: „Es ist egal, was dieses Kind getan hat. Wichtig ist, dass du deinen engen Kreis hast, auf den du dich immer verlassen kannst."

Auch wenn ich heute nachvollziehen kann, warum meiner Mutter diese Überzeugung lebt und ich sie in Teilen auch nachfühle, will ich für meine eigenen Kinder etwas anderes. Ich liebe es, sie mit ihren Großeltern, meinem Bruder und seinen Kindern aufwachsen zu sehen und auch die Parallelen zu Severin und mir früher zu erkennen. Genauso schön finde ich es aber, dass Sophie und Noah Freund:innen außerhalb der Familie haben. Die sie im Kindergarten, in der Schule oder im Sportverein kennenlernen und zu deren Geburtstagen sie eingeladen werden. Von ihnen lerne ich jeden Tag aufs Neue, unvoreingenommen und mutig zu sein. Alles auszuprobieren, was das Leben bietet. Auch sie werden im Laufe ihres Lebens negative Erfahrungen machen, die sie prägen werden. Doch wie sorglos sie im Hier und Jetzt leben, inspiriert mich immer wieder. Besonders, wenn mir tausend Sachen durch den Kopf gehen und ich gedanklich schon wieder drei Schritte weiter bin.

Ich erkenne in ihnen Eigenschaften von mir selbst wieder. In Noah eine unerschütterliche Positivität. Wie ich früher war, als auch ich noch keine gravierenden negativen Erfahrungen gemacht hatte – und vor allem auch heute noch bin! Ich ziehe aus jeder negativen Erfahrung immer das Positive, lasse es niemals an anderen aus. Sondern ich mache stets das Beste aus der gegebenen Situation und stecke niemals den Kopf in den Sand. Diese positive Einstellung lässt mich immer wieder ganz anders aufs Leben blicken, vor allem an Tagen, an denen das Leben nicht so rund läuft. Sophie überrascht mich unaufhörlich mit ihrer Empathie. Obwohl sie noch so jung ist, ist sie feinfühliger und aufmerksamer als die meisten Menschen. Sie ist, ebenso wie ich, in der Lage, einen Raum zu lesen, sobald sie ihn betritt.

Beide zeigen mir außerdem, was bedingungslose Liebe ist. Die empfinde ich ihnen gegenüber natürlich auch, gar keine Frage. Doch man erlebt sie noch mal anders, wenn sie von außen an einen selbst herangetragen wird. Meinen Kindern ist völlig egal, was ich mache, wie viel Geld auf meinem Konto liegt oder welches Auto in der Einfahrt steht. Sophie war sowieso der Meinung, ich würde ein Café betreiben. Damit hat sie natürlich nicht unrecht, das große Drumherum ist ihnen aber noch nicht bewusst. Und auch wenn sie eines Tages verstehen werden, was ich eigentlich den ganzen Tag mache und wieso Leute beispielsweise daran interessiert sind, mein Buch zu kaufen, wird sich an dieser Liebe zwischen uns nichts verändern.

Ich glaube, dieses Urvertrauen ins Leben ist etwas, das in meiner Familie von Generation zu Generation weitergegeben wird. Ganz einfach, indem es vorgelebt wird. Schon von klein auf haben meine Eltern mir Vertrauen entgegengebracht. Trotz aller Schwierigkeiten, die sich ihnen in den Weg gelegt haben, haben sie uns vermittelt, mutig und selbstbewusst zu sein. Vertrauen in sich zu haben. Sie haben uns diese Werte nicht nur vorgelebt, sondern deutlich gezeigt: Wir vertrauen dir. Das hallt bis heute nach. Ich wäre nicht mutig, wenn ich dieses Vertrauen in mir nicht schon so früh kultiviert hätte. Und ich hätte es nicht so stabil kultivieren können, wenn meine Eltern mich nicht immer wieder darin bestätigt und bestärkt hätten.

Ich glaube manchmal sogar, sie verstehen bis heute nicht ganz, was ich da so mache, was genau mein Job ist oder warum es für meine Karriere wichtig ist, dass ich zu einem bestimmten Event fahre. Auf eine Party zu gehen, fällt in ihrer Welt unter Freizeitgestaltung. Doch sie müssen auch nicht alles verstehen, solange sie mir vertrauen, dass ich die richtigen Entscheidungen treffe. Und das tun sie.

Wie wichtig mir das Thema Zusammenhalt ist, zeigt sich auch in meinem Unternehmen. Durch das Ausscheiden meines Ex-Mannes und der ehemaligen Mitgründerin war eine Umfirmierung zwangsläufig. Für mich war sofort klar, wie die Holding, unter der die einzelnen Unternehmungen laufen, fortan heißen sollte: Karo Kauer Family. Denn von nun an war es meine Firma, es waren mein Team und ich, die tagtäglich hart an unseren Ideen arbeiteten. Ich wollte die mir wichtigsten Werte von Zusammenhalt und Miteinander anstatt Gegeneinander schon im Namen der Holding vermitteln. Zudem haben wir als Unternehmen unsere *core values* klar definiert. Diese zentralen Werte leben wir nicht nur im Miteinander im Unternehmen, sondern auch im Umgang mit unseren Partner:innen, Kund:innen und allen anderen, mit denen wir zusammenarbeiten. Fünf solcher *core values* haben wir für uns definiert.

Together: Wir sind nur zusammen stark und können beispielsweise Events nur zusammen auf die Beine stellen und umsetzen. Jede:r zieht an einem Strang.

New ideas & GET shit done: Jede Idee ist gern gesehen, egal wie klein, groß oder utopisch sie sein mag. Wir geben allem Raum und setzen es in unserem Rahmen und nach unseren Möglichkeiten um – und dann heißt es machen!

Respectfully mit Ehrlichkeit: Wir sind und verhalten uns allen gegenüber respektvoll – zu jeder Zeit. Hat man ein Problem mit dem Gegenüber, dann sollte man das besprechen und aus der Welt schaffen. Ehrlich währt am längsten.

Responsible mit Zuverlässigkeit: Verantwortung übernehmen – proaktiv und nicht nur auf Nachfrage – und beispielsweise Aufgaben mit eben dieser Verantwortung zuverlässig zu Ende bringen.

Open minded mit Lächeln: Wir gehen offen miteinander um. Es mag banal klingen, aber Hallo, Tschüss, Bitte, Danke und dabei noch ein Lächeln zählen ebenso zu den Grundfesten unserer Werte. Eigentlich ganz einfach, oder?

Jede Person, die neu bei uns anfängt, muss vor allem eines: diese Werte leben. Zudem sage ich immer, dass meine Arbeit mein Baby ist. Da ist es nur logisch, dass mein Team auch meine Familie ist. Und auch wenn wir im Unternehmen inzwischen eine gewisse Größe erreicht haben, die sich nicht mehr ganz so intim anfühlt wie zu Beginn des Labels, ist unsere Zusammenarbeit im Büro und unser Zusammensein als Team immer noch wahnsinnig intensiv.

Über die vergangenen Jahre hat sich in einem weiteren Bereich des Miteinanders mein Verständnis verändert. Vermutlich wurde das auch durch die Trennung ausgelöst. Immerhin verschob sich dadurch mein Fokus von einem Menschen, an dessen Schulter ich mich lehnen konnte, hin zu mehreren Personen, auf die ich bauen kann. Bis heute teile ich die Überzeugung meiner Mutter, zumindest zu einem gewissen Grad. Ich halte es ebenso für besser, wenige und dafür sehr gute Freund:innen zu haben, als unzählige, rein oberflächliche Bekanntschaften. Wo laut meiner Mama eine Freundschaft ausreicht, habe ich meinen Kreis etwas erweitert. Zumindest ein klein wenig. Denn es braucht Zeit, um hinter meine Barrieren zu kommen. Ich gehe mit Urvertrauen durchs Leben, aber ich bin nicht gut darin, anderen Menschen schnell zu vertrauen. Widerspricht sich das? Auf gar keinen Fall. Weil ich mir vertraue und dem, was das Leben für mich bereithält, heißt das nicht, dass ich dieses Vertrauen auch anderen Menschen gegenüber habe. Es gab eine Zeit, in der ich mein Urvertrauen auch anderen gewährt habe. Gepaart mit meiner Gutmütigkeit entstand eine Mischung, die dazu führte, dass ich Menschen einen Vertrauensvorschuss zugestand, die meine Gutmütigkeit ausnutzten und es nicht gut mit mir meinten. Ich habe mein Learning daraus gezogen, eine Entwicklung, die mich heute vermutlich vor Schlimmerem bewahrt. Weil es etwas gibt, das nur allzu natürlich ist – aber eben auch sehr schade. Alle Personen, die auf irgendeine Art in der Öffentlichkeit stehen, werden dieses Gefühl nachvollziehen können: Je länger ich das mache, was ich mache, desto mehr Menschen lerne ich kennen. Je bekannter ich werde, desto mehr Menschen wollen mich kennenlernen. Jede:r will ein Stück vom Kuchen. Die Frage dabei ist aber, ob der Kuchen für diese Personen das Rampenlicht ist, in dem sie sich zeitweise sonnen wollen, die Hoffnung, einen Teil des Erfolges zu erhaschen, oder etwas Vergleichbares. Oder ob für sie der Kuchen etwas ist, das auf dem Tisch steht zusammen mit zwei dampfenden Tassen Kaffee, und wir sitzen sonntags um diesen Tisch herum, ungeschminkt, in unseren Jogginghosen und erzählen uns, wie die Woche so gelaufen ist oder was uns gerade umtreibt.

Mir fällt es noch immer nicht leicht, von Anfang an die Absicht zu erkennen, auf welche Art von Kuchen jemand aus ist. Bis heute habe ich Menschen in meinem Umfeld, von denen ich genau weiß, dass sie mich mögen. Mich ehrlich gernhaben. Die dennoch nicht leugnen können, dass die Bekanntheit, die an meiner Seite zwangsläufig steigt, etwas mit ihnen macht. Ich kann es ihnen nicht verübeln. Zeitgleich gibt es auch Menschen in meinem Umfeld, die nicht einmal Instagram haben. Die nicht wissen, wer Karo Kauer ist, weil sie nur Karo kennen. Meine beste Freundin Sara-Lena ist so eine Person. Vor etwa einem Jahr habe ich sie buchstäblich dazu genötigt, sich endlich Instagram zu installieren, damit sie – nach fünfzehn Jahren Freundschaft und zehn Jahren Instagram – sieht, was da eigentlich passiert. Nicht weil ich vor ihr angeben will, sondern damit sie auch Teil von diesem anderen Leben ist, der mir wichtig ist.

Die Menschen in meinem engsten Kreis beweisen mir, dass ich mich auf sie verlassen kann. Dass das Rampenlicht oder der schöne Schein nicht wirklich wichtig sind. Sondern der gemeinsame Kuchen am Sonntag, ganz ungeschminkt. Das sind Menschen, bei denen ich mich fallen lassen kann. Die vielleicht stolz sind auf Karo Kauer, aber interessiert an Karo. Die mir helfen, mich unterstützen und die mich inzwischen so gut kennen, dass ich gar nicht nach Hilfe fragen muss. Ende 2023 befand ich mich in einer Phase, in der es mir nicht gut ging. Diese Wolke über meinem Kopf, die mich über Wochen begleitet hatte, wurde immer größer und dunkler. Und an den Weihnachtsfeiertagen entschied, sie abzuregnen. All das, was ich die Wochen zuvor verdrängt und ignoriert hatte, brach in meinem Inneren auf und ich fühlte mich niedergeschlagener als die Tage zuvor. Meine Freunde merkten schnell, dass es mir nicht gut ging. Sie spürten die Wolke über meinem Kopf. Kurz darauf bekam ich von ihnen ein Video zugeschickt – ein Weihnachtsgeschenk der besonderen Art. Jede und jeder von ihnen hatte mir eine Videobotschaft aufgenommen, in der sie nur Nettes über mich sagten: was sie an mir schätzten, wieso sie mit mir befreundet waren und welche guten Wünsche sie für mich und für das neue Jahr hatten. Erinnert ihr euch, wie ich einige Kapitel zuvor davon schrieb, wie viel mir die handgeschriebenen Karten meiner Kooperationspartner bedeuteten? Jetzt stellt euch vor, wie mir das Herz überquoll vor Freude und Liebe, als ich dieses Video anschaute. Heute noch kann ich dieses Video nicht abspielen, ohne dass mir sofort die Tränen in die Augen schießen. Durch Menschen wie sie habe ich verstanden, dass auch Freunde Familie sein können. Zumindest für mich. Meine Eltern können das nicht nachvollziehen, aber sie sind auch eine andere Generation und wiederum selbst anders erzogen worden. Vermutlich wurden Freundschaften für sie auch nie so essenziell, weil sie alles miteinander oder eben innerhalb der Familie verhandelten. In diesem Punkt unterscheiden wir uns, und auch, wenn sie diese Veränderung nicht immer verstehen können, akzeptieren sie, dass das eben mein Leben ist. Und in meinem Leben gibt es mehr als nur eine Familie.

Über einen ganz wichtigen Bereich will ich in diesem Kapitel noch sprechen, immerhin geht es um das Thema Zusammenhalt. Ja, wir leben in einer Ellbogengesellschaft. Ja, bei Social Media schauen Menschen mehr auf Zahlen als auf die Person dahinter. Ja, im Internet trollen sich Leute, die Freude daran haben, Hass und Negativität zu verbreiten. Aber meine Community ist *anders*. Gemeinsam haben wir einen Ort erschaffen, an dem wir uns gegenseitig unterstützen. Meine Community hat mich gelehrt, dass sie da ist – und das nicht nur online. Sie kommt zu Events, freut sich über neue Kollektionen, beteiligt sich eifrig an Aktionen. Wenn ich allein an unsere erste *Together-we-move*-Tour 2023 denke: wie viele Follower plötzlich vor mir standen. Manche davon folgen mir seit 2014, manche habe ich über die Jahre ein bisschen kennengelernt. Man darf diesen Effekt nicht unterschätzen. Nicht nur der oder die Follower:in ist aufgeregt oder nervös, wenn sie oder er plötzlich vor mir steht. Aufregung verspüre ich auch ganz deutlich, immerhin werden diese Menschen plötzlich sehr real. Wo mich sonst „nur" Nachrichten erreichen, treffe ich Menschen persönlich, die mich nahezu bedingungslos unterstützen. Die sich freuen, mich endlich einmal live zu treffen, und ein Foto mit mir machen wollen, während ich mich manchmal noch frage, warum ich die Leute überhaupt interessiere. Benny meinte einmal zu mir, dass er glaubt, dass meine Follower mir nicht nur wegen meines Contents folgen, sondern wegen meiner Energie, der guten Laune, dem Blick aufs Leben. Diese Auffassung wiederholt sich in Nachrichten, die mir aus meiner Community geschickt werden oder in dem, was mir bei persönlichen Treffen gesagt wird. Das Schöne dabei ist: Ich bekomme auch wahnsinnig viel Energie zurück. Jede positive Nachricht, jedes persönliche Schicksal, das ich irgendwie beeinflusst habe, jede Umarmung – all das lädt meine Energie wieder auf. Manchmal treibt mir all das Tränen in die Augen. Wenn ich meine Follower auf Events treffe, spüre, wie sehr sie sich freuen, und sie mir dann noch sagen, wie viel ihnen das bedeutet – dann muss ich einmal tief durchatmen. Es fällt mir schwer, solche Komplimente anzunehmen. Und wenn sie mir direkt und persönlich gemacht werden, ist das natürlich noch mal schwerer, als wenn ich sie in Textform in meinem Postfach habe. Doch es hat auch schon Nachrichten gegeben, die mich tief berührt haben. Es gibt Menschen unter meinen Followern, die mich wirklich gut kennen. Die mitbekommen, wenn etwas nicht stimmt, auch wenn ich in die Kamera lächle und strahle. Die mir dann schreiben und mich mit ihren Worten einfach nur unterstützen wollen. Es ist gut möglich, dass wir uns noch nie persönlich begegnet sind, aber da ist eine Verbundenheit vorhanden, die man nicht leugnen kann.

Meine Community zeigt mir, dass es auch in dieser Social-Media-Welt ein Miteinander gibt. Wir teilen, wir unterstützen und wir feiern einander. Wir überschütten uns mit Komplimenten und zaubern der Person am anderen Bildschirm ein Lächeln ins Gesicht. Durch meine Community, durch diesen Ort, den wir geschaffen haben, habe ich gelernt, dass ich mein eigenes Mindset in diese Branche bringen kann. Hier wird niemand ausgegrenzt oder nach völlig irrelevanten Maßstäben bewertet. Ich kann sicher nicht im Alleingang eine ganze Branche oder Gesellschaft von ihrer Ellbogenmentalität befreien, aber ich kann mit bestem Beispiel vorangehen. Bei jedem Event achte ich darauf, dass auf Fotos niemand ausgeschlossen wird. Die Erfahrungen, die ich gemacht habe, sollen sich für andere aufstrebende Influencer:innen nicht wiederholen. Mir ist es völlig egal, wie viele Follower jemand hat. Weil wir uns doch gegenseitig nichts wegnehmen. Glück verdoppelt sich, wenn man es teilt. Und so ist es mit Großzügigkeit auch. Oder Freude. Ich erinnere mich zu gut daran, wie verloren ich war, als ich mich auf den *ABOUT YOU Awards* völlig fehl am Platz fühlte. Wenn ich dafür sorgen kann, dass es einer oder einem anderen Influencer:in nicht so geht, dann habe ich schon richtig viel erreicht. Außerdem macht es miteinander doch eh viel mehr Spaß!

Unabhängigkeit

Nur wenn ich absolut frei bin in meinen Entscheidungen,
bin ich unabhängig.

Für mich ist der Begriff Unabhängigkeit mit Freiheit gleichzusetzen. Ich bin wirklich unabhängig, wenn ich jede meiner Entscheidungen frei treffen kann – sei das auf emotionaler, finanzieller oder materieller Ebene. Zudem geht Unabhängigkeit für mich Hand in Hand mit dem Thema Selbstbewusstsein. Ich habe gelernt, dass ich stark und eben selbstbewusst genug sein muss, um wirklich frei von Abhängigkeit zu leben. Inzwischen bin ich an einem Punkt im Leben, wo ich diesen Status erreicht habe. Jetzt kann ich mich auf die wirklich wichtigen Eigenschaften bei Menschen konzentrieren. So auch bei einem potenziellen neuen Partner. Früher habe ich mich dagegen *nur* über meine Partner definiert und mir nie die Frage gestellt: Wer bin ich eigentlich? Damals begab ich mich auch in eine neue Abhängigkeit, um mich von einer anderen zu lösen.

Als ich Ben 2011 kennenlernte, steckte ich in einer unglücklichen Beziehung. Ben und ich arbeiteten in derselben Branche und daher liefen wir uns häufiger über den Weg. So richtig aufgefallen ist er mir zum ersten Mal, als das Göppinger Arbeitsamt den Tag der Zeitarbeit ausrichtete. Nicht nur unser Unternehmen war mit einem Stand repräsentiert, sondern auch die Konkurrenz. Zahlreiche ältere Herren mit grauen Haaren und ausgebeulten Hosen tummelten sich im Foyer. Ich war eine der wenigen, wenn nicht sogar die einzige Frau auf der Veranstaltung. Ben war einer der wenigen, wenn nicht sogar der einzige jüngere und gut gekleidete Mann dort. Zudem war er groß, dunkelhaarig, markant – genau mein Typ. Er musste mir einfach auffallen und ich ihm. Ins Gespräch sind wir an diesem Tag aber nicht gekommen. Das passierte einige Wochen später.

Ich spielte damals noch Fußball im Verein, die Saison war vorbei und wir wollten den Abschluss an jenem Samstagabend in einem Göppinger Klub feiern. Wie schon gesagt, war ich damals in einer unglücklichen Beziehung und ging alleine auf die Party, da mein Freund keine Zeit hatte. Später im Klub war ich mit meiner Mannschaft auf der Tanzfläche, als ich Ben in der Menge entdeckte. Selbst unter den vielen jüngeren und gut gekleideten Menschen fiel er mir auf. Ich schaute immer wieder heimlich in seine Richtung und war mir sicher, dass auch er das ein oder andere Mal zu mir schaute. Irgendwann an diesem Abend begab es sich, dass ich an ihm vorbeilief. Ohne darüber nachzudenken, blieb ich einen Augenblick stehen und sagte: „Ich kenne dich doch."

Wir kamen ins Gespräch und recht schnell stellte ich fest, dass ich mich gern mit ihm unterhielt. Er war all das, was ich in meiner damaligen Beziehung vermisste, da diese schon in eine unabwendbare Schieflage geraten war: gesellig, lustig, unterhaltsam. Entspannt fühlte sich die Situation für mich dennoch nicht an. Immerhin war ich noch in einer Beziehung. Ich hatte zwar schon öfter mit dem Gedanken gespielt, diese zu beenden, es aber bisher nie geschafft. Am Ende des Abends, in einem Moment, als uns glücklicherweise niemand hörte, fragte Ben nach meiner Nummer. Ich verneinte, die konnte ich ihm unmöglich geben. Ich ließ mich aber darauf ein, ihm meine geschäftliche E-Mail-Adresse zu geben. Denn ich konnte nicht leugnen, dass ich ihn interessant fand.

In den darauffolgenden Wochen schrieben Ben und ich uns fast täglich E-Mails. Je mehr ich mich zu ihm hingezogen fühlte, desto weiter drängte es mich von meinem damaligen Freund weg. Ich unternahm Versuche, mich von ihm zu trennen. Doch mir fehlten die Stärke und das Selbstbewusstsein, um es wirklich durchzuziehen. Nachdem wir wieder einen Streit gehabt hatten, gab ich vor, ins Fitnessstudio zu gehen. Immerhin musste ich mich irgendwie abreagieren. Doch ich ging nicht ins Fitnessstudio. Stattdessen traf ich mich mit Ben.

Wir fuhren nach Göppingen, um einen Cocktail zu trinken. Wir fanden eine nette Bar, bestellten unsere Drinks und an diesem Tag mit Ben wurde mir klar, dass ich meine aktuelle Beziehung beenden müsste. Es hatte keinen Sinn an ihr festzuhalten, war ich doch einfach nicht glücklich in ihr.

Damit war endlich der Moment für mich erreicht, wo ich mich wirklich trennen würde. Wo ich wusste, ich würde es durchziehen. Denn an diesem Abend hatte ich angefangen, meinen Freund anzulügen. Etwas, das ich noch nie zuvor getan hatte. Ich schaffte es in den darauffolgenden Tagen, den endgültigen Schlussstrich zu ziehen. Kaum hatte ich die eine Beziehung beendet, betrat ich direkt die nächste, denn ich kam nahezu nahtlos mit Ben zusammen. Ich glaube, es war ungemein wichtig für mich, Ben kennenzulernen, um diese andere Beziehung endlich hinter mir lassen zu können. Doch eigentlich wechselte ich nur von einer Abhängigkeit in die nächste. Auf den Gedanken, dass das Ende meiner Beziehung mit Ben den Startpunkt für meine Unabhängigkeit markieren würde, wäre ich damals nie gekommen. Denn vor allem die letzten drei Jahre haben meine persönliche Entwicklung maßgeblich vorangetrieben. Ich stehe fest auf den Beinen, auf einem soliden Grund. Ich brauche nichts und ich brauche niemanden für mein persönliches Glück, weil ich in meinem Leben schon alles habe, um glücklich zu sein.

Durch Trennungen lernt man nicht nur, dass man auch allein ein sehr schönes Leben führen kann. Man lernt vor allem, wirklich unabhängig zu werden. Schon so oft wurde mir bei Trennungen gesagt, dass ich ohne die andere Person aufgeschmissen wäre – sowohl bei Trennungen im Privatleben als auch im beruflichen Umfeld. Häufig denken Menschen, dass es ohne sie nicht weitergehen würde. Dass ich ohne sie niemals so weit gekommen wäre, sie Teil des Erfolges sind und ohne sie das ganze Konstrukt Karo Kauer zusammenbrechen würde. Ich kann mir bis heute nicht erklären, woran das liegt. Vielleicht an mir und meiner Art? Eventuell ist das der Preis, den ich für meine Gutmütigkeit und meinen Zuspruch zahlen muss. Dass andere glauben, ich sei ohne sie verloren, weil ich ihnen ständig sage, wie sehr ich sie oder ihre Arbeit schätze. Auf der einen Seite finde ich es schade, dass sich dieser Gedanke in manchen Köpfen festgesetzt hat. Denn er ist pures Gift für die Person. Zum anderen tut es mir auch für sie leid. Der Moment, als sie feststellen mussten, dass ich eben nicht sang- und klanglos untergehe, war sicherlich unerfreulich. Wie so oft war Benny in solchen Situationen eine wichtige Stütze für mich. Häufig saß er bei mir im Büro, strahlte diese unerschütterliche Ruhe aus und sagte: „Schau mal, Karo. Du bist hier die Einzige, die nicht ersetzbar ist.“

Das sind harte Worte. Aber auch wahre Worte. Und ich musste sie verinnerlichen. Wenn es um das Thema Verantwortung meinem Unternehmen und den Leuten gegenüber geht, die für mich arbeiten, bin ich die Erste, die ganz laut sagt: Ohne mich geht es nicht, alle Verantwortung lastet auf meinen Schultern. Doch wenn eine andere Person aus verletztem Stolz heraus dasselbe von sich behauptet, brauche ich eine Stimme von außen, die ihre Aussage revidiert. Dabei reicht eigentlich ein Blick auf mein Unternehmen, um mir die Wahrheit vor Augen zu führen. Denn es ist so: Ich bin sogar unabhängig von meinem eigenen Unternehmen. Sollte ich eines Tages aufwachen und mich dazu entschließen, keine Fashion mehr machen oder keine Konsulting mehr betreiben zu wollen, wäre das an sich kein Problem. Ich wäre immer noch Influencerin, ich würde mein Leben nach wie vor gestalten können. Dagegen ist nicht garantiert, dass das Label und die Konsulting auch ohne mich funktionieren. Dafür hat mein Name eine zu große Anziehungskraft. Außerdem existiert Karo Kauer, die Influencerin, seit zehn Jahren. Als solche bin ich etabliert. Mein Label hingegen ist jung, kaum ein paar Jahre am Markt. Ich bin im selben Moment unabhängig von mir selbst und gleichzeitig auf mich angewiesen. Das ist eine ganz spannende Kombination, wenn man einmal darüber nachdenkt. Ich habe das getan und entschieden, dass ich einen weiteren Bereich in meinem Unternehmen brauche: den, der wirklich vollkommen unabhängig von mir ist – und das von Anfang an.

Als wir 2020 das erste Label Saints & Co gründeten, hatten wir das Fulfillment an einen Dienstleister in München ausgelagert. Nachdem wir das erste Label gegen die Wand gefahren und entschieden hatten, einen zweiten Anlauf unter Karo Kauer Label zu nehmen, wollte ich Lager, Logistik und Versand lieber selbst machen. Ich wollte die Kontrolle haben – dieses Mal über jeden einzelnen Arbeitsschritt. Ich wollte wissen, mit welcher Fürsorge die Pakete gepackt werden und wie sie aussehen, wenn sie versendet werden. Ich wollte flexibel sein können, spontan und jederzeit in jeden Schritt eingreifen können – und zwar nicht, indem ich einen Dienstleister anrufen und dann hoffen muss, dass er meine Anweisungen richtig verstanden hat und sie auch dementsprechend umsetzt. Meine beiden Mitgründer:innen konnten meine Ambitionen dahingehend nicht nachvollziehen. Natürlich, Fulfillment hat keinen Glamour. Es ist auch keine kreative oder eine besonders spaßige Arbeit. Aber es ist sicher und unabhängig. Dieser Bereich ist komplett unabhängig von mir und meiner Person. Es ist egal, ob und was ich an einem Tag poste. Es hat keine Auswirkungen darauf, wie die Arbeit im Lager vonstattengeht. Auch wenn die beiden zuerst skeptisch gegenüber dieser Idee waren, unterstützten sie mich von Anfang an. Vor allem Ben arbeitete sich in den logistischen Part ein und setzte Einrichtung und Strukturierung unseres Lagers perfekt um.

Wie jede gute Firma startete auch mein Fulfillment in einer Garage, die wir extra dafür umfunktionierten. Wir statteten die obere Ebene mit Regalen aus, in der wir die Waren lagerten und bei Bestellungen kommissionierten. Auf der unteren Ebene hatten wir Tische aufgestellt, auf denen die einzelnen Pakete gepackt und für den Versand fertig gemacht wurden. Auch dieser ganze Bereich folgte dem altbewährten Prinzip Learning by Doing. Zu Beginn wusste ich nicht einmal, wie ein DHL-Drucker funktionierte. Doch ich wusste, dass das Fulfillment ein wichtiges Standbein war – wenn nicht sogar das wichtigste. Mir war schon von Anfang an klar, dass dieser Unternehmensbereich nicht so leicht vergänglich war wie die anderen. Das Label konnte schnell out sein. Ich genauso. Auch wenn ich als Influencerin schon lange tätig und damit etabliert bin, kann der Tag, an dem Influencer als solche nicht mehr gefragt sind, schneller kommen, als man vielleicht denkt. Daher wollte ich das Fulfillment von Anfang an richtig aufziehen – das bedeutet, mit dem Potenzial, wachsen zu können. Ich hatte die Vision, dass wir nicht nur unser Fulfillment selbst übernehmen, sondern diese Dienstleistung auch anderen Brands anbieten. So wären wir in der Lage, uns noch breiter und sicherer aufzustellen. Ich würde nicht die gesamte Last der Verantwortung nur auf meinen Schultern tragen, da dieser Bereich wie gesagt völlig unabhängig von mir ist. Meine Vehemenz, mich gegen meine beiden Mitgründer:innen durchzusetzen, zahlte sich aus: Im Jahr 2023 beauftragte uns die größte Influencerin des Landes, das Fulfillment für ihre Brand zu übernehmen.

Ein weiterer wichtiger Meilenstein war zu erkennen, dass ich unabhängig von der Meinung anderer bin. Eine Meinung zu haben, ist etwas zutiefst Menschliches. Man bildet sie sich im Bruchteil einer Sekunde, oftmals aufgrund einer Beobachtung oder einer Aussage. Alle sind auf eine Art den Meinungen anderer ausgesetzt. Als Person, die ihr Leben mit der Öffentlichkeit teilt, sehe ich mich vielleicht mit etwas mehr Meinungen konfrontiert. Lange Jahre war es mir wichtig, dass diese Beurteilungen positiv sind. Danach traf ich auch die Entscheidungen, mit welchen Partnern ich zusammenarbeiten will und mit welchen lieber nicht. Qualität war seit jeher ein Maßstab, an den ich mich hielt. Ich wusste, dass ich natürlich auch Produkte mit schlechter Qualität bewerben konnte und damit schnelles Geld verdienen würde.

Jedoch würden diese Produkte aufgrund meiner Empfehlung bei den Endkund:innen landen und diese mit Sicherheit enttäuschen. Der Preis für schnelles Geld wäre meine Glaubwürdigkeit gewesen und den war ich nicht bereit zu zahlen. Nach diesem Credo lebe ich noch heute. Früher jedoch dachte ich, dass ich bestimmte Arten von Produkten nicht bewerben sollte. Alkohol ist ein passendes Beispiel dafür. Ich habe zunächst keine Kooperationen in diesem Bereich gemacht, weil ich dachte, ich müsse doch ein Vorbild sein. Dabei trinke ich selbst gern bei einer Feier einen Prosecco oder ein Glas Wein bei einem leckeren Abendessen mit Freund:innen. Doch die Angst davor, wie es aussehen könnte, wenn ich Alkohol bewerbe, war zu groß. In den vergangenen Jahren habe ich mich davon frei gemacht. Denn auch hier weiß ich: Ich bin eine junge Frau und es ist völlig in Ordnung, wenn ich mich mit einem Drink in der Hand zeige. Kaum löste ich mich von der Vorstellung, das nicht tun zu dürfen, kam die Idee auf, meinen eigenen Wein, den Krauburgunder, zu keltern. Sich unabhängig zu machen, führte also auch dazu, neue Ideen zuzulassen.

Auch meine private Unabhängigkeit steht auf einem festen Fundament, wenn man so will. Dass ich emotional völlig unabhängig bin, habe ich nicht nur durch meine Scheidung gelernt, sondern vor allen Dingen durch meine Kinder. Alles, was ich mache, mache ich für meine Kinder. Um deren Unabhängigkeit später einmal abzusichern. Nichts von dem, was ich aufbaue, müssen sie irgendwann weiterführen oder behalten. Außer natürlich, sie möchten es. Sie können irgendwann auch alles verkaufen und sich mit dem Geld ihr Leben nach ihren eigenen Vorstellungen aufbauen. Recht häufig werde ich gefragt, was Erfolg für mich bedeutet. Ab wann hat man denn Erfolg? Und ab wann nur ein bisschen Erfolg? Und ist das dann auch schon Erfolg oder ist das zu wenig, um erfolgreich zu sein? Bis heute ist das eine der schwierigsten Fragen, auf die ich lange keine Antwort wusste. Zumindest bisher. Nun aber kenne ich meine Antwort. Es ist kein Umsatzziel, keine Reichweite und keine Auszeichnung. Mein Erfolg ist das Wissen, dass ich meinen Kindern eine Zukunft ermögliche, in denen sie völlig unabhängig sind. Und sich völlig frei entfalten können.

Durch sie erlebe ich eine bedingungslose Liebe, die jede andere Liebe in den Schatten stellt. Natürlich fehlt mir manchmal eine Schulter zum Anlehnen. Die Vorstellung, einen Partner an meiner Seite zu haben und diese gegenseitige Unterstützung zu erleben, fühlt sich ganz warm und schön an. Jedoch brauche ich diesen Partner nicht zwangsläufig. Ich kann bis an mein Lebensende allein bleiben und hätte trotzdem ein schönes und erfülltes Leben. Eine der größten Fesseln, die ich in den letzten drei Jahren gelöst habe, ist die Vorstellung davon, dass mein persönliches Glück eng mit einer Partnerschaft verbunden ist. Doch das war nur der erste Schritt. Denn die wirkliche Größe besteht meiner Meinung nach darin, stark, aber nicht hart zu sein. Frei, aber nicht einsam. Unabhängig, aber nicht unnahbar. Wenn ich sage, dass ich niemanden an meiner Seite brauche, ist das nicht gleichzusetzen damit, dass ich nicht offen dafür bin. Ich bin unabhängig und durch meine Unabhängigkeit bin ich bereit, mich zu binden.

Authentizität

Authentizität? Wenn ich wirklich ich bin.

Ich will ganz ehrlich sein: Kein Kapitel war so schwer zu schreiben wie dieses hier. Es fühlt sich seltsam an. Nicht, allgemein über das Thema Authentizität zu sprechen. Sondern über meine. Ich kann mich doch schlecht hinstellen und sagen: Ich bin so authentisch! Und dennoch ist auch das eines meiner wichtigsten Learnings aus den vergangenen zehn Jahren.

Für mich bedeutet Authentizität, mich nicht zu verstellen. Vor allem nicht vor der Kamera. Viele kennen das Gefühl bestimmt. Man benimmt sich ganz normal, ist ausgelassen und fröhlich. Doch sobald eine Kamera – oder eben ein Smartphone – auf einen gerichtet wird, erstarrt man zur Salzsäule. Man kann nicht mehr lächeln, sondern zieht stattdessen eine komische Fratze, und wie vollständige Sätze formuliert werden, hat man auch urplötzlich vergessen. Ähnliches passiert, wenn man vor einer Person steht, die man toll findet. Vielleicht vor jemandem, von dem man Fan ist oder aber jemandem, den man attraktiv findet. Immer dann, wenn es wirklich wichtig wäre, sich genau so zu zeigen, wie man ist, benimmt man sich komplett anders. Wie ich mich vor der Kamera authentisch verhalte, musste ich lernen. Vor allem mit der

Storyfunktion, die Instagram im Jahr 2016 einführte. Dadurch konnte man Bilder und Videos posten, die nur für vierundzwanzig Stunden zu sehen waren. Eine absolute Neuheit und Sensation! Ich erinnere mich so genau daran, weil Sophie damals gerade auf die Welt gekommen war, als ich begann, Storys zu machen. Bis dahin hatte ich meine Bilder im Feed gepostet. Wie ich vor der Kamera posieren musste, damit ein gutes Foto entstand, wusste ich inzwischen. Ich kannte meine Winkel und beherrschte die gesamte Klaviatur vom zarten Lächeln bis zum strahlenden Lachen. Doch mit Beginn der Storys gingen auch vermehrt Videoformate und Spontaneität einher. Zudem veränderten sie gänzlich, wie Instagram funktionierte – zumindest für das, was wir Influencer machen: Werbung. Marketing und Produkte bewerben war durch Storys leichter und niedrigschwelliger möglich. In einem Video kann man die Zielgruppe viel zielgerichteter ansprechen. Niemand musste sich mehr aufwendig formulierte Captions durchlesen. Zudem konnte man ganz leicht Codes teilen oder Links posten. Ein absolutes Novum! Bei allem, was Verkäufe generieren soll, geht es immer darum, es den Kund:innen so leicht wie möglich zu machen. Keine komplizierten Formulierungen, keine unnötigen Wege. Im Feed hatten Kund:innen nur die Möglichkeit, die App zu verlassen, den Browser zu öffnen, den Webshop eben jener Marke zu besuchen, sich das Produkt herauszusuchen und online zu bestellen. Selbst, wenn ich den Instagram-Account der entsprechenden Brand auf dem Bild markierte, konnten die Kaufinteressenten nur auf den jeweiligen Account und in deren

Biografie auf den Link klicken, der dort hinterlegt war. Manchmal führte dieser einfach zum allgemeinen Onlineshop, manchmal direkt zu dem gewünschten Produkt. So oder so – dieser Weg ist zu lang. In den Storys hatten Accounts mit mindestens zehntausend Followern nun die Möglichkeit, Links zu den beworbenen Produkten direkt zu teilen. Das veränderte die Art, wie Instagram als Werbeplattform funktioniert, grundlegend. Ich bin mir sicher, dass Influencing als Job heute nicht so erfolgreich wäre, hätte Instagram diese Funktion nicht eingeführt.

Wie mit vielem Neuen musste auch ich erst mal in dieses Medium reinwachsen. Ich weiß noch, dass mein Ex-Mann meine ersten Storys anschaute und meinte, dass die Karo darin überhaupt nicht mir, also der echten Karo, entsprechen würde. Natürlich tat sie das nicht. Schließlich war ich bemüht, perfekt zu wirken. Die vermeintliche Spontanität war nur gestellt, denn bevor ich eine Story wirklich teilte, nahm ich unzählige Varianten auf, bis ich endlich die eine im Kasten hatte, in der kein Versprecher war, in der ich perfekt aussah und die dennoch total spontan wirkte. Dieses Streben nach Perfektion abzulegen, war ein jahrelanger Prozess. Weil Perfektion auch eine Rüstung ist, mit der man sich weniger angreifbar macht, wenn man in der Öffentlichkeit steht. Über die Zeit lernte ich nicht nur, dass diese Rüstung mich zwar schützte, sondern auch ziemlich schwer war und mich am Weiterlaufen hinderte. Sie hinderte mich auch daran, echt sein zu können. Als ich sie endlich ablegte, weil ich bereit war, mich einfach zu zeigen, wie ich war, musste ich nur noch herausfinden, wie eben das funktioniert: sich selbst über ein Medium wie Instagram zu transportieren. Ich entschied mich für Ehrlichkeit, Transparenz und Nahbarkeit. Die Aspekte meines Lebens, die ich mit der Öffentlichkeit teilte, zeigte ich ungeschönt. Es gibt bis heute Bereiche meines Lebens, die ich nicht zeige. Allen voran Noah und Sophie. Natürlich tauchen sie immer wieder in meinem Content auf, sind jedoch nie erkennbar zu sehen. Wer mir schon länger folgt, erinnert sich, dass das früher anders war. Doch mit der Zeit wurde mir klar, dass ich so ihre Privatsphäre nicht schützen kann. Außerdem können sie in ihrem Alter nicht selbst entscheiden, ob sie zu sehen sein wollen oder nicht, schließlich können sie die Ausmaße des Internets noch gar nicht begreifen. (Wenn wir ehrlich sind, können wir selbst das ja kaum.) Im Allgemeinen ist mir Privatsphäre besonders wichtig, vor allem die von Dritten. Ich gehe sehr bewusst damit um, was ich von mir preisgebe und was nicht. Ich würde aber niemals jemand anderen ungefragt in diese Art Rampenlicht ziehen. So wie ich schon früh für mich entschieden habe, dass das ganz private Leben nicht auf Instagram gehört. Deshalb habe ich dort auch nie über meine Trennung gesprochen, und mehr, als in diesem Buch steht, wird auch nie in der Öffentlichkeit stattfinden. Keine:r von uns würde ein solches Thema mit Menschen teilen oder besprechen, die er oder sie kaum kennt, beispielsweise mit Arbeitskolleg:innen oder dem Mann, der vor einem in der Kassenschlange steht. Zumal es auch komplett gegen meine Vorstellung von Moral gehen würde, private Themen dieser Dimension auf Social Media auszuschlachten, nur um irgendwelche Likes oder Klicks zu generieren. Je bekannter man wird, desto heiliger wird das Privatleben. Die Kunst dabei ist, den Leuten das Gefühl zu vermitteln, dass sie überall dabei sind, und dennoch die wichtigen und privaten Bereiche meines Lebens außen vor zu halten. So, dass man als Zuschauer:in gar nicht bemerkt, wie sehr man bemüht ist, die eigene Privatsphäre zu schützen.

Die Storyfunktion hat Instagram nicht nur als Werbeplattform verändert, sondern auch die Art, wie Influencer:innen mit ihrer Community interagieren können – und eben die Community mit ihnen. Ich bin mir sicher, dass die Follower durch diese Funktion das Gefühl vermittelt bekommen, noch näher an mir dran zu sein. Weil sie mich durch meinen gesamten Alltag begleiten. Sie sehen mich in Bewegung, sie hören mich reden, ich kann sie direkt ansprechen. Nachdem ich meinen Hang zur Perfektion abgelegt hatte, begann ich, wirklich Spaß an den Storys zu entwickeln. Ich begleitete einen Großteil meines Alltags mit dem Handy. Dass ich meine Follower nicht mit auf die Toilette nahm, war so ziemlich die letzte Instanz. Nun postete ich wirklich spontan, wie es mir gerade gefiel. Und wenn ich mich einmal verhaspelte – hey, so was passiert. Ich denke, die Storys ließen mich menschlicher erscheinen, da die perfekte Inszenierung wegfiel.

Auch für mich veränderte sich das Verhältnis zu meinen Followern. Ich postete viel häufiger, da Storys ja nur vierundzwanzig Stunden verfügbar sind. Und meine Follower reagierten dementsprechend mehr. Ich glaube, das Gefühl von Community stellte sich bei mir so wirklich ein, nachdem diese Funktion eingeführt wurde. Für mich sind Storys mein Medium, um meine Community in meinem Alltag mitzunehmen. Sie begleiten mich sowohl bei Kooperationen als auch bei der Arbeit, Events oder einfach bei Kleinigkeiten, die mir an einem Tag widerfahren. Während meine Storys mein spontaner Ausdruck sind, plane ich die Posts in meinem Feed strategischer. Hier spiele ich hauptsächlich mit der Ästhetik, sowohl eines einzelnen Posts als auch meinem Feed im Gesamten. Ästhetisches muss festgehalten werden – und hier kann ich meine Affinität zu Kompositionen, Farben und Stil voll ausleben.

Obwohl ich Instagram liebe und es sich für mich ganz natürlich anfühlt, meinen Alltag mit dem Handy zu begleiten, hatte ich schon länger gemerkt, dass irgendwas fehlte. Irgendwie reichte das nicht mehr. Im vergangenen Jahr (2023) habe ich einen Filmemacher kennengelernt, der mich auf die richtige Idee brachte: YouTube. Mir ist klar geworden, dass ich nicht nur Freude daran habe, meinen Alltag zu zeigen, sondern besonders an dem Gefühl, meine Community ganz nah zu haben. Sie wiederum sollen das Gefühl haben, dass sie neben mir am Tisch sitzen, wir über Gott und die Welt plaudern und sie mich noch besser kennenlernen. Eben nicht nur im perfekten Licht, sondern so, wie ich bin. Da stolpere ich auch mal über einen nicht vorhandenen Gegenstand oder verliere kurz die Kontrolle über meinen Tag. Denn: Auch ich bin nicht immer perfekt durchorganisiert. Ich bin unstrukturiert, meistens scheine ich meinem Tag hinterherzurennen, als irgendetwas in der Hand zu haben. Und ja, auch mir fehlt es oft an Orientierung. Nur weil ich einiges erreicht habe, heißt das nicht, dass ich wüsste, wie diese ganze Sache namens Leben hier läuft. Das sind Teile meines Lebens und meiner Person, die ich auch erzählen will. Allerdings ist das in den kurzen Sequenzen bei Instagram – Storys sind nur sechzig Sekunden lang – nicht möglich. Hinzu kommt, dass es einen Unterschied macht, ob ich mich selbst filme oder mich jemand anderes mit der Kamera begleitet. Natürlich bin ich sehr real in meinen Storys. Man hat mich da auch schon mit Pickelcreme im Gesicht gesehen. Doch wenn ich mich für eine Story in ein gutes Licht drehen kann, dann mach ich das. Wenn ich mich aus einem erhöhten Winkel filmen kann, damit man mein Doppelkinn nicht sieht, dann mach ich das. Bei aller Transparenz spielt doch auch Eitelkeit mit rein. Wenn ich mich filme, ist das immer der Blickwinkel, aus dem ich gesehen werden will. Wenn mich aber ein Kameramann für YouTube begleitet, dann sieht man mich quasi durch die Augen einer anderen Person. Vielleicht erzeugt das zusätzliche Nahbarkeit, weil die Zuschauer:innen sich in diese Perspektive besser hereinversetzen können. Denn dann sieht man mal mein Doppelkinn.

Glaubwürdigkeit, Transparenz, Nahbarkeit, sich nicht zu verstellen, sich treu zu bleiben, eigene Werte haben und diese auch zu leben – so würde ich das Wort Authentizität für mich definieren. Ich möchte auch glauben, dass diese Attribute Teil meiner Persönlichkeit sind. Vor wenigen Jahren war ich zu einem Event eingeladen.

Ich erinnere mich gar nicht mehr daran, in welcher Stadt ich dafür war, geschweige denn in welchem Hotel. Ich weiß aber noch, dass ich in der Hotelbar zufälligerweise andere Influencer:innen getroffen habe. Wir wussten natürlich, wer die jeweils anderen waren, kannten uns aber noch nicht persönlich. Wir waren eine kleine Gruppe von vielleicht zehn Leuten und es stellte sich schnell heraus, dass jede:r von uns nicht nur Influencer war, sondern auch ein eigenes Unternehmen gegründet hatte. Damit war das Thema des Abends gefunden, immerhin hatte jede:r von uns sich mit einer Unternehmensgründung in ganz neue Gefilde begeben. Der Austausch war einzigartig und wertvoll, da uns alle ähnliche Themen beschäftigten. Beispielsweise wie es ist, sich täglich zwischen zwei Welten zu bewegen: als Influencer:in und als Unternehmer:in. Ich habe richtig gespürt, wie angetan alle von der Unterhaltung waren und wie positiv die Energie in diesem Raum war. Von Ellbogen war an diesem Abend nichts zu spüren. Irgendwann landete das Gespräch beim Thema Zukunftspläne. Alle anderen legten ihre Pläne für die kommenden Jahre dar, jeder davon mehr oder weniger detailliert ausgearbeitet. Ich wurde unruhig. Hoffte, bei dieser Frage einfach übergangen zu werden. Doch natürlich hörte ich genau in diesem Moment: „Karo, wie sieht denn dein Zehn-Jahres-Plan aus?"

Als Einzige kam bei mir die Antwort nicht wie aus der Pistole geschossen. Stattdessen wurde ich still. Ich musste erst mal in mich reinhören. Diesen tollen Menschen, mit denen ich einen so bereichernden Abend verbringen durfte, wollte ich nicht *irgend-*

was antworten. Ich wollte eine ehrliche Antwort geben. Ich überlegte, stöberte in meinem Kopf und meinem Herzen und versuchte, irgendwo in meinem Inneren einen Plan aufzutreiben. Ich war überzeugt davon, dass da drin irgendwo einer rumliegen müsste. Immerhin hatten alle Leute solche Pläne! Doch ich musste feststellen: Da war nichts. Auch in der hintersten Ecke zusammengerollt lag kein großer Masterplan für die Zukunft. Natürlich hatten wir hier und da Vorhaben: Projekte, die wir mit dem Label umsetzen, und Ziele, die wir im laufenden Jahr erreichen wollten. Aber etwas, das darüber hinausging, langfristiger oder größer gedacht war – nein, absolute Fehlanzeige. Allerdings, und das war die eigentliche Überraschung, stellte ich fest, dass ich auch gar keinen großen Plan haben wollte. Zum einen liegt das natürlich daran, dass ich immer will, dass alles so bleibt, wie es ist. Wenn es nach mir geht, könnte es immer noch wie 2014 sein. Oder 2017. Oder 2020. Wir haben ja jetzt schon viel mehr erreicht, als ich jemals zu träumen gewagt hätte. Ich will einfach eine gute Zeit im Hier und Jetzt haben und eigentlich gar nicht so genau wissen, was in zehn Jahren sein wird. Denn das werde ich noch früh genug herausfinden – in zehn Jahren nämlich.

Endlich war ich bereit zu antworten, doch wusste ich nicht genau, wie und ob ich so eine Erkenntnis teilen konnte mit Leuten, denen es anders ging als mir. Doch dieser Haufen Menschen, die ich nur so kurz kannte, ermutigte mich, einfach frei zu sprechen. Genau das zu sagen, was ich dachte. Also stellte ich mich vor sie und erzählte ihnen von der Suche in meinem Inneren. Dass es mein Plan war, keinen Plan zu haben. Dass ich mich damit wohl-fühlte. Ich wusste, was ich wissen musste, nämlich dass ich mein Unternehmen nicht verkaufen wollte, dass ich nicht über irgend-einen Exit nachdachte. Sondern dass wir eben weitermachen wür-den wie bisher. Und dass das gut werden würde.

Wie schon zu Beginn des Kapitels erwähnt, fällt es mir sehr schwer, eine Aussage darüber zu treffen, wie authentisch ich bin, und es dabei zu belassen. Deshalb habe ich mir Folgendes über-legt: Ich lasse lieber andere zu Wort kommen. Menschen, die mich kennen – unterschiedlich lang und unterschiedlich gut. Auf die Art eignet sich dieses Kapitel zudem gut, um alles, was ich bisher in diesem Buch geschrieben habe, auf Herz und Nieren zu überprüfen.

Los geht's, den Anfang macht Benny. Ich kneif mal die Augen zu, während ihr in Ruhe lest.

„Kennengelernt habe ich Karo vor zehn bis fünfzehn Jahren, als sie immer wieder auf meinen Events gearbeitet hat. Sie war damals schon offen und hilfsbereit, aber definitiv schüchterner als heute. Sie ist selbstbewusster geworden, das ist aber das Einzige, das sich wirklich verändert hat. Sonst ist sie eigentlich genauso geblieben, wie sie früher schon war, einfach bodenständig. Ich glaube, das unterscheidet sie von vielen anderen in dieser Branche. Und das macht es superangenehm, mit ihr zu arbeiten und Zeit zu verbringen. Sie hat nicht den Drang, sich vor irgendwem zu profilieren oder beweisen zu wollen. Sie ist einfach nicht falsch, verstellt sich nicht. Wir sind einmal zu einer Messe gefahren, wo sie als Speakerin eingeladen war. Als wir in den Backstagebereich kamen, saßen schon zahlreiche andere der Speaker:innen verteilt in dem Raum. Karo ist zu jedem und jeder einzelnen gegangen, hat sie begrüßt und sich vorgestellt. Genau das meine ich damit, dass sie nicht den Boden unter den Füßen verloren hat. Denn sie hätte auch mit der Einstellung den Raum betreten können, dass doch eh jede:r weiß, wer sie ist. Jedoch kann sie bis heute nicht wirklich begreifen, was alles passiert in ihrem Leben. Wie vieles sich in den letzten Jahren verändert hat, was sie eigentlich alles aufgebaut hat. Sie sieht buchstäblich nicht, dass überall ihr Name draufsteht. Sie sagt immer, dass wir doch jetzt schon mehr erreicht haben, als wir uns jemals erträumt hätten, und ich antworte ihr, dass wir gerade erst anfangen. Dabei müsste sie das alles nicht machen. Sie bräuchte weder das Label, noch die Konsulting oder das Café. Würde sie nur als Influencerin arbeiten, wäre sie ausreichend ausgelastet und hätte definitiv mehr Freizeit als jetzt. Aber alles, was sie macht, macht sie aus tiefer emotionaler Überzeugung. Sie will das alles hier. Dafür hängt sie sich jeden Tag rein und das merkt man. Genau das lerne ich von ihr – Tag für Tag.

Auf dem Charity-Flohmarkt, bei dem ich sie unterstützte, ist mir wirklich bewusst geworden, wie groß das alles ist. Ich bin ganz ehrlich: Am Anfang habe ich ihre Anfrage nicht ganz ernst genommen. Ich folgte ihr natürlich bei Instagram, schon von Beginn an. Denn damals folgte man einfach Leuten, die man persönlich kannte. Selbstverständlich habe ich mitbekommen, wie sich ihr Account entwickelt hatte mit den Jahren. Doch erst, als ich am Morgen des Flohmarkts die Schlange vor dem Eingang sah, habe ich begriffen, wie groß Karo inzwischen wirklich war. Schon damals war klar, dass die Bindung zwischen ihrer Community und ihr etwas ganz Besonderes ist. Natürlich, sie verfolgen Karos Leben zum Teil seit zehn Jahren. Das ist, als würden sie täglich eine Daily Soap konsumieren. Aber allein die langen Jahre machen es nicht aus. Ich glaube, es geht um Trust. Dass die Leute dir vertrauen, dem, was du sagst, tust und empfiehlst. Diesen Trust erreicht man nur, wenn man echt ist. Unverfälscht. Selbst über ein Medium wie Instagram bekommt man mit, wenn sich jemand die ganze Zeit verstellt. Ich glaube, Karo Kauer funktioniert so gut, weil sie ist, wie sie ist. Sie zeigt sich nicht nur transparent und ehrlich, sondern hat auch einen Charakter, der höflich ist, zuvorkommend, positiv. Das zieht die Leute an. Ich kann an zwei Händen abzählen, wie oft ich Karo in all den Jahren schlecht gelaunt erlebt habe. Diese Energie, das ist einfach sie. Und das ist unser aller Vorteil. Denn es gibt keine Anleitung, keine sichere Formel für Erfolg – vor allem nicht im Social-Media-Bereich. Man kann nicht planen, wann man welche Reichweite erzielen will. Also, das kann man natürlich schon. Allerdings ist die Frage, ob es dann auch so kommt.

Ich bin davon überzeugt, dass Karo einen Mehrwert liefert mit dem, was sie tut. Es reicht schon, wenn sie von ihren alltäglichen

Problemen erzählt, wenn sie sich beispielsweise unsicher ist, welche Sonnencreme sie für die Kinder kaufen soll, kurz vor einem Urlaub. Den Leuten, die sich die Storys anschauen, gibt das etwas. Nämlich das Gefühl, dass wir am Ende alle gleich sind. Ich weiß, dass sich das platt anhört, aber sie ist einfach ein guter Mensch. Und ich glaube, darauf kommt es an."

In aller Offenheit: Es macht was mit mir, solche Worte zu lesen. In erster Linie nämlich emotional und ergriffen. Bevor ich also zu sehr darüber nachdenken kann, machen wir direkt weiter. Simona arbeitet seit 2022 bei uns. Sie hat zu einer Zeit angefangen, als ich mich von allen in der Firma distanziert hatte, weil ich noch so verletzt von den Ereignissen davor war.

„Bis zu meiner Bewerbung kannte ich Karo Kauer gar nicht, ich wusste nicht, wer sie war. Eine Freundin hatte mir die Stellenausschreibung geschickt und da ich Lust auf etwas Neues hatte, bewarb ich mich. Ich weiß noch, wie ich mir ihr Profil anschaute und mir dachte, dass sie niemals so sein könnte, wie sie sich dort zeigte. Immer fröhlich und gut gelaunt. Als ich meinen neuen Job begann, sah ich sie nie. Da ich die Buchhaltung machte, hatten wir im täglichen Tun auch keine Berührungspunkte. Aber ich begegnete ihr auch kaum im Büro. Verwundert war ich darüber allerdings nicht. Ich dachte, das sei normal, immerhin war meine neue Chefin Influencerin. Da hatte sie sicher Besseres zu tun, als im Büro zu sein.

Einige Monate später suchte das Karo Kauer Café eine neue Leitung. Da mich Buchhaltung als solche eigentlich schon seit Jahren langweilte, übernahm ich den Posten, auch wenn ich zuvor noch nie in der Gastronomie gearbeitet hatte. Allein der Vertrauensvorschuss, der mir von Karo und den anderen entgegengebracht wurde, feuerte mich an, mich besonders reinzuhängen. An einem Tag, kurz bevor ich morgens das Café öffnen wollte, bekam ich eine Krankheitsmeldung nach der anderen von meinem Team. Verzweifelt ging ich zu Karo ins Büro, um ihr mein Leid zu klagen. Immerhin war sie meine Vorgesetzte und allein wusste ich wirklich nicht weiter. Denn Fakt war, dass ich im Prinzip als Einzige im Café stehen würde. Service, Kaffee zubereiten, Küche, spülen – selbst mit dem größten Feuereifer war das nicht zu schaffen. Zu meiner Überraschung bot sie sofort an, mir zu helfen. Sie ließ alles stehen und liegen, verschob ihre Termine und kam gleich darauf zu mir ins Café. Ich sagte ihr, dass sie einfach die Kasse übernehmen könnte. Damit wäre mir schon viel geholfen. Aber Karo wäre nicht Karo, wenn sie nicht alles gemacht hätte. Sie hat die Spülmaschine aus- und wieder eingeräumt, Tische abgewischt, geputzt und ist nach Feierabend noch mit dem Besen durchs Café. An diesem Tag habe ich zwei Dinge über Karo gelernt. Erstens: Sie ist sich wirklich für nichts zu schade. Im Gegenteil, sie ist immer mit dem Herzen dabei. Selbst wenn sie nur die Spülmaschine einräumt. Wenn es etwas anzupacken gibt, dann packt sie an. Aber nicht, weil sie muss, sondern weil sie es will. Ich halte das nicht für selbstverständlich und Karo ist ein absolutes Vorbild für mich. Zweitens: Sie ist wirklich so. So gut gelaunt, so positiv, so voller Energie. Alles, was ich zu Beginn bezweifelt hatte, als ich mir ihren Account anschaute, bewahrheitete sich jetzt.

Seit diesem Tag haben wir mehr miteinander zu tun. Ich wechselte erneut die Position, arbeite ihr jetzt direkt zu und durfte sie langsam immer besser kennenlernen. Ich kann sagen: Ich wurde noch nie von Karo enttäuscht. Seit ich hier arbeite, sehe ich, wie sie immer mehr macht, als man von ihr erwartet. Sie steht zu einhundert Prozent hinter allem, was sie tut. Indem sie uns vorlebt, eine gute Vorgesetzte zu sein, motiviert sie uns auch, stetig besser zu werden. Ich kenne niemanden, der so hart an sich arbeitet wie Karo. Sie ist eine absolute Powerfrau, die nie müde wird. Und wenn sie mal erschöpft ist, hat sie immer noch Power.

Es ist unglaublich motivierend, wenn du jemanden siehst, der seine Fehler erkennt und an sich selbst arbeitet. Ich glaube, das macht sie zu einer guten Unternehmerin und Vorgesetzten: dass sie nicht glaubt, alles schon zu wissen oder zu können. Und das merkt man. Ihr ganzes Unternehmen spiegelt Karos Charakter wider. Denn die Werte, die im Unternehmen gelebt werden, sind ihre: loyal und offen zu sein, fröhlich zu sein und jeden Tag dankbar zu sein für das, was man hat und was man erleben darf.

Seit ich hier arbeite, vergleiche ich andere Influencer:innen mit Karo. Es gibt Accounts, da kann ich mir jeden einzelnen Post anschauen und dennoch nichts darüber sagen, wie diese:r Influencer:in als Person wohl ist. Man merkt, dass sie sich genau überlegen, auf welche Art und Weise sie sich darstellen wollen, und diese

Maske tragen sie dann immer. Ein Gefühl von Nahbarkeit kommt da bei mir nicht auf. Wenn man hingegen ein paar Tage lang Karos Storys verfolgt, kann man sich nach kurzer Zeit ein richtiges Bild von ihr machen. Jetzt weiß ich ja, dass es stimmt."

Zu guter Letzt habe ich Paul gefragt, ob auch er ein paar Worte über mich sagen würde. Es ist schön, unsere Kennenlerngeschichte einmal aus seiner Perspektive zu sehen.

„Die Königin von Eislingen – so nenne ich Karo immer liebevoll. Wobei ich zugeben muss, dass sie sich alles andere als diktatorisch oder eben monarchisch verhält in ihrem Leben. Das ist eher mein *cup of tea*. Aber kurz zurück zum Anfang: Diese andere Caro mit C und D (Caro Daur) kenne ich schon sehr viel länger und schätze sie auch sehr. Dass es da in der schwäbischen Provinz eine ähnlich klingende Influencerin gibt, hatte ich vielleicht mal hier und da gehört, aber mir nie wirklich gemerkt, wenn ich ehrlich bin. Das wiederum änderte sich am 6. November 2021, als Karo mit K ihr Parfum gelauncht hat und es irgendwie lustig fand, mich einzuladen. Neben allen anderen relevanten Influencer:innen Deutschlands saß ich dann etwas später in einem Eislinger Gewächshaus und durfte Zeuge des mit Sicherheit krassesten Events werden, welches ich bisher erlebt habe. Und spätestens nach fünf Jahren in der Formel 1 war ich wirklich auf so manchen *Million-budget*-Partys. Aber bis heute hat mich niemand so beeindruckt wie Karo und ihr Team an diesem Abend. Kurz vor dem Launch habe ich übrigens Karo, die ich genau neun Minuten davor kennen gelernt hatte, gefragt, ob ich ihr Handy zum Launch haben dürfte, um in der Shopify-App mal in echt zu erleben, wie sich ein Hype so anfühlt. Und natürlich hat mir Karo ihr Handy samt Zugangscode in die Hand gedrückt. 12 Minuten, 11.323 Bestellungen und 123.423 Euro später verstand ich die Welt nicht mehr. Oder eben doch: weil ich live erleben durfte, dass es sich lohnt, liebevolle Detailarbeit zu leisten, auf Augenhöhe mit seiner Community zu sein und die Follower ernst zu nehmen. Dieser Abend in Eislingen hat mich etwas erleben lassen, was ich nur drei, vier Mal ähnlich beobachtet habe: Erfolg von Menschen oder Bands, der einfach nur verdient und berechtigt ist. Das war in meinem Leben mit Marteria so, das habe ich mit den Toten Hosen und Joko Winterscheidt so erlebt, mit der Nationalmannschaft und sieben WM-Titeln in der Formel 1 und eben an diesem Abend in einem Eislinger Gewächshaus. In den Monaten danach haben Karo und ich uns nicht nur angefreundet (sie hat mir übrigens während einer fünfzehntägigen Coronainfektion im Quarantäne-Hotel im Industriegebiet von Eislingen jeden Tag (!) drei Mahlzeiten (!!) vor die Tür gestellt). Für mich ist Karo neben all den wirklich beeindruckenden menschlichen Eigenschaften vor allem zu einem unternehmerischen Vorbild geworden. Hier soll es ja ein wenig um dieses oft verwendete Marketing-Buzzword Authentizität gehen, ich muss sagen, ich bewundere Karo viel mehr für ihre wirklich aufopfernde Arbeit für ihre Follower:innen. Für mich ist Karo die personifizierte Definition von Community (dem anderen Buzzword) und damit lustigerweise das Gegenteil von der anderen Caro, die für eine unfassbare Audience steht. Ähnlich übrigens wie bei Joko und mir. Zum Thema Authentizität habe ich allerdings schlechte Nachrichten für euch da draußen: Die Karo, die ihr alle kennt, verfolgt und konsumiert, die Karo, die ihr alle supportet und mit der ihr gemeinsam durch dick und dünn geht, die Karo, die am Ende tatsächlich eine Freundin von euch ist – die Karo ist gar nicht authentisch. Die echte Karo ist noch viel, viel krasser. Trust me!"

Vision

Visionen – die Kunst, keine Pläne, aber Ziele zu haben.

Da vorwärts für mich die einzige Richtung ist, in die man gehen kann, ist es nur logisch, dass wir nun über die Zukunft sprechen. Dass ich keine konkreten Pläne für meine Zukunft habe, bedeutet nicht, dass ich keine Visionen habe. Außerdem halte ich Visionen für die besseren Pläne. Weil sie Raum lassen für all das, was man nicht vorhersieht. Weil sich Dinge doch erst dann wirklich entwickeln können, wenn wir nicht an einem Plan festhalten.

Als die Buntweberei, das Areal in Eislingen, umgebaut wurde, bekamen wir das Angebot, mit dem Label dort für ein paar Monate mit einem Pop-up-Store einzuziehen. Wir befanden uns mitten in der Pandemie, alle hangelten sich von einem Lockdown zum nächsten. Ein Pop-up-Store war genau der richtige Kompromiss zwischen Sichtbarkeit, die wir auch abseits des Onlineshops wollten, und der Möglichkeit, etwas Stationäres auszuprobieren, ohne ein allzu großes Risiko dabei zu tragen. Immerhin konnte zum damaligen Zeitpunkt niemand sagen, wann es mit dem normalen Leben – und damit auch dem lokalen Handel – weiterging.

Der Eigentümer führte uns durch den Rohbau. Obwohl das Gebäude noch nicht fertiggestellt war, hatte ich eine Vision. Ich sah alles ganz genau vor mir: im Erdgeschoss unseren Store, dahinter unser Lager und im Stockwerk darüber unsere Büros. Zum damaligen Zeitpunkt waren das Büro und das Lager räumlich voneinander getrennt, was auch zu einer kollegialen Trennung führte. Mein Wunsch war es daher, auf lange Sicht alle an einen Ort zu bekommen. Als ich durch diese Baustelle lief, fühlte ich, dass das hier unser unternehmerisches Zuhause werden konnte. Hier würde die ganze Karo Kauer Family wieder unter einem Dach zusammenkommen. Allein der Gedanke löste ein so wohlig warmes Gefühl in meinem Inneren aus, dass ich nicht lange überlegte. Ich besprach meinen Plan mit dem Eigentümer, der ursprünglich geplant hatte, einen Großteil der Flächen selbst zu nutzen. Zu meiner großen Freude war er von meiner Idee genauso begeistert wie ich. Weil schon zum damaligen Zeitpunkt klar war, dass die Fläche, die für das Lager vorgesehen war, nicht reichen würde, planten wir kurzfristig einen Anbau. Ich hatte keine Zweifel an der Richtigkeit dieser Entscheidung, auch wenn immer wieder Ängste laut wurden. Immerhin war dieser Umzug das größte Investment, das wir bisher geleistet hatten – und das während einer Pandemie. Alles, was ich bis dahin erreicht hatte, war gänzlich eigenfinanziert. Ich hatte keinen Topf an Geld, aus dem ich einfach schöpfen konnte, sollte dieser Einzug uns aus irgendwelchen Gründen finanziell schröpfen. Dennoch entschied ich mich dazu, mutig zu sein. Ich sah unsere Zukunft an diesem Ort so klar vor mir, es konnte nur gut gehen.

Unter den Dingen, die ich dabei nicht vorhergesehen hatte, war zuallererst das Café. Mit einem Zehn-Jahres-Plan wäre es sicher nicht so weit gekommen, denn auf meiner Liste von Dingen, die ich einmal erreichen will, war nirgendwo *Café* zu lesen. Jetzt bin ich so dankbar für diesen Ort, der sich wie ein Wohnzimmer anfühlte. Was ich ebenfalls nicht vorhersehen konnte, war, wie sich mein Ansehen ändern würde. Bevor wir in die neuen Räumlichkeiten zogen, war ich für die meisten Leute Karo Kauer, die Influencerin, die zufälligerweise auch noch ein Label hatte. Mit dem Umzug änderte sich das langsam. In der Wahrnehmung der Menschen wurde ich eher Unternehmerin als Influencerin, was zu einem großen Teil daran lag, dass sie dieses Gebäude hier in Eislingen sahen und wussten: Dort arbeitet sie. Denn ein Gebäude sagt den Leuten mehr als Followerzahlen. Eine Zahl ist eine Zahl, die kann man sich nicht vorstellen, vor allem nicht ab einer gewissen Höhe. Ein Gebäude hingegen setzt alles in greifbare Relation. Selbst ich habe keine Vorstellung davon, wie viel sechshunderttausend Menschen sind. So viele folgen mir zum gegenwärtigen Zeitpunkt, während ich dieses Buch schreibe. Das Stuttgarter Stadion – noch ein greifbares Gebäude – bietet Platz für sechzigtausend Menschen. Meine Follower könnten also zehn Mal das Stadion füllen. Das ist doch unglaublich! Wenn ich mir vorstelle, all diese Leute würden alle auf einmal vor mir stehen – ich würde keinen Ton herausbringen!

Durch das Café, den Store oder verschiedene Events, die wir veranstalten, schaffen wir auch einen Mehrwert für die Region.

Davor konnten sich die meisten Leute kein Bild davon machen, was ich eigentlich machte. Sie fragten sich vielleicht, warum Karo Kauer auch außerhalb des Göppinger Raums ein Begriff war. Doch nun bekomme ich immer wieder Feedback von den Menschen aus meiner Stadt, die stolz sind auf das, was ich da leiste. Immerhin: Kai Pflaume kommt nach Eislingen, um uns zu besuchen. Das hätte er vermutlich nicht gemacht, wenn ich „nur" Influencerin wäre.

Als ich Paul damals während meiner Trennungsphase kennenlernte, lud er mich gleich darauf in seinen Podcast ein. Er spricht darin jede Woche mit unterschiedlichen Leuten über ihr Leben und gerade auch über die Frage, wie sie sich dieses Leben aufgebaut, wie sie verschiedene Meilensteine erreicht haben. Auch die Podcast-Episode mit mir hatte maßgeblichen Einfluss darauf, wie ich wahrgenommen werde. Ich bin davon überzeugt, dass unser Gespräch dafür gesorgt hat, dass mich plötzlich eine breitere Masse als Unternehmerin gesehen hat. Dieses Unternehmertum öffnet mir Türen, durch die ich als Influencerin nicht gehen könnte: Ich werde zu Business-Summits eingeladen, als Speakerin für die OMR Festival, der größten Marketingmesse des Landes, oder für andere Events gebucht, bekomme Interviewanfragen von Magazinen und Medien, die sich nicht nur um Lifestyle oder Mode drehen. Ich merke, dass mir als Unternehmerin eine Ernsthaftigkeit entgegengebracht wird, die es als Influencerin womöglich nicht gegeben hätte. Vielleicht weil die Leute diesen Job nicht richtig greifen können, vielleicht weil sie ihn belächeln. Ob diese

Unterscheidung zwischen beiden Feldern richtig ist, ist eine andere Frage. Ich bin froh, beide abdecken und mich in beiden ausleben zu können.

Finanzieller Erfolg kann aber auch seine Schattenseiten haben. Zumindest kommen damit Sorgen auf, die ich davor nicht hatte. Dabei meine ich nichts Unternehmerisches. Im Prinzip teilen sich da ein Handwerksbetrieb, eine Soloselbstständige und ich uns die gleichen Ängste, denn Selbstständigkeit bleibt Selbstständigkeit. Nein, ich frage mich manchmal, ob irgendwann der Punkt erreicht ist, ab dem man mir mein Leben nicht mehr gönnt. Wenn man mich jetzt sieht, vielleicht zum ersten Mal auf meinen Account kommt, sieht man Wohlstand. Da sieht man ein schönes Haus, ein tolles Auto, einen begehbaren Kleiderschrank. Doch diese Leute wissen nicht, woher ich komme. Wie auch, wenn sie Karo Kauer gerade erst entdecken. Ich habe mich nicht ins gemachte Nest gesetzt. Ich wurde auch nicht mit einem silbernen Löffel im Mund geboren. Ich habe mir das alles erarbeitet. Jeden Euro einzeln verdient durch Fleiß und dem Glück, zur richtigen Zeit das Richtige gemacht zu haben. Das sieht man natürlich nicht und es ist auch nicht die Aufgabe der Person, einmal meine Biografie zu recherchieren, um sich ein umfassendes Bild von mir zu machen. Die meisten Influencer:innen haben keinen wohlhabenden Background, sondern kommen aus ganz gewöhnlichen Verhältnissen. Mein Werdegang ist unter diesem Aspekt keine Rarität. Eher außergewöhnlich ist es dagegen, diesen Job so viele Jahre zu machen, erfolgreich zu sein und es zu bleiben. Es gibt wenige, die das so lange aushalten.

Ich frage mich einfach, ob sich meine Community ab einem gewissen Moment denkt, dass ich jetzt *genug* hätte und sie mich dann nicht mehr supporten wollen. Ich weiß, dass solche Ängste nur in meinem Kopf stattfinden, aber für mich sind sie sehr real. Im vergangenen Sommer habe ich mir ein Auto gekauft. Ein Auto, das mehr ist als ein Transportmittel. Nämlich ein Investment auf der einen und ein Lebenstraum auf der anderen Seite: einen Porsche GT3. Lebenstraum, weil ich so einen Sportwagen immer fahren wollte. Investment, weil dieses Auto niemals an Wert verlieren wird. Im Gegenteil, er wird eher steigen, und so kann ich ihn irgendwann den Kindern überlassen – ein weiterer Baustein zu ihrer Unabhängigkeit. An dem Tag, als ich das Auto endlich aus dem Porschezentrum abholen konnte, habe ich mich gefreut wie die Kinder an Weihnachten. Ich konnte die erste Fahrt mit meinem neuen Wagen kaum abwarten. Diese Freude hätte ich so gern geteilt, wollte meine Community daran teilhaben lassen. Und habe es dennoch nicht getan. Weil ich Angst davor hatte, dass das jetzt die Schwelle sein könnte, ab der man mir nichts mehr gönnt. Ab der meine Follower sagen: Sie braucht unseren Support nicht mehr, wir müssen die Mode nicht mehr kaufen, denn eigentlich zahlen wir das alles, was sie sich leistet.

Ich weiß, es gibt faktisch keinen Grund für solche Gedanken. Doch wo Sonne ist, ist auch Schatten, und um ein paar dieser Schatten zu zeigen und ganz ehrlich darüber zu sprechen, genau dafür schreibe ich dieses Buch.

Manchmal habe ich auch keine Vision, sondern nur einen Impuls, aus dem sich etwas Gutes ergibt. Wie in jeder Firma finden bei uns Meetings zu den unterschiedlichsten Themen statt. Und wie in jeder Firma denkt man sich manchmal, dass eine E-Mail gereicht hätte. Es ist schön, das ganze Unternehmen unter einem Dach zu haben. Jedoch nahmen die Meetings etwas überhand, einfach nur aufgrund der Tatsache, weil wir uns ja schnell zusammensetzen konnten. Wir arbeiteten schließlich Tür an Tür. Irgendwann wurde es mir einfach zu viel. Ich hatte einen Tag nur Meetings und Besprechungen. In jedem einzelnen davon dachte ich mir, dass wir diese Ideen schon längst umsetzen könnten, wenn wir nicht erst noch lang und breit darüber reden würden. Als ich am Nachmittag aus dem Büro ging, um die Kinder abzuholen, hatte ich meinen Laptop nicht einmal aufgeklappt. Völlig impulsiv sprach ich ein Meetingverbot aus. Für ein Jahr durften keine Meetings mehr stattfinden, zumindest nicht mit mir. Die Teams in kleinen Gruppen konnten und mussten sich natürlich weiterhin zusammensetzen, aber mich brauchte es dafür nicht. Denn ich musste nicht bei jeder Entscheidung dabei sein. Mir war es lieber, wenn mein Team eine Idee einfach umsetzte, anstatt sie in unzähligen Variationen auszuarbeiten und zu verfeinern. Für gewöhnlich ist die Idee dann am Ende total verwässert und an welchen Stellen sie wirklich noch Feinschliff bräuchte, merkt man meist erst in der Umsetzung. Ich ermutigte mein Team, einfach loszurennen und auch Entscheidungen ohne mich zu treffen. Es ist eine Art des Loslassens, die natürlich viel von mir forderte. Doch ich vertraute meinem Team – und dieses Vertrauen zahlte sich aus. In diesem Jahr haben wir deutlich mehr Projekte umgesetzt und sind schneller gewachsen als je zuvor. Mein Impuls sorgte dafür, dass wir eine Kultur etabliert haben, in der alle Ideen erst einmal willkommen sind. Manche davon werden wieder verworfen, manche spinne ich weiter und manche bleiben genau so. Wir im Allgemeinen und mein Team im Besonderen können noch heute viel freier arbeiten, weil alle wissen: Wenn sie losrennen, bin ich die Erste, die mitrennt.

Weder eine Vision noch einen Impuls verspürte ich dagegen beim Thema Marketing. Lange Zeit habe ich mich gesträubt, mich dem Thema anzunehmen. Immerhin war ich doch da. Ich war das Marketing, das reichte doch. Irgendwann gab ich doch nach und holte Benny für diesen Bereich ins Unternehmen. Wir verstanden uns von Anfang an. Nicht nur, weil wir uns schon so lange kannten. Sondern vor allem, weil wir dieselbe Überzeugung und dasselbe Tempo an den Tag legten. Wir machten einfach. Und doch zeigte Benny mir, dass auch ich völlig eingefahren war in meiner Wahrnehmung. Denn mein Marketing, meine Vorstellung von dem, was möglich war, bewegte sich innerhalb der Social-Media-Blase. Benny dachte out of the box. Er kontaktierte völlig ungeniert Fernsehsender mit dem Ergebnis, dass Moderator:innen kurze Zeit später mit Kleidungsstücken des Karo Kauer Labels ausgestattet wurden und in ihren jeweiligen Shows trugen. Dadurch bekamen wir eine ganze neue Aufmerksamkeit und erreichten potenzielle Kund:innen, die wir über Social Media niemals erreicht hätten. Ich merkte, wie gut und wichtig es war, das Thema Marketing zwar nicht ganz aus der Hand zu geben, aber jemanden mit im Boot zu haben. Jemanden, der ähnlich funktioniert wie ich, aber ganz anders denkt.

Bei anderen Themen wiederum entscheide ich mich ganz bewusst dafür, meine Vision der Dinge zu ignorieren. Die allererste Person, die ich damals bei mir einstellte, war meine Mutter. Sie unterstützte mich schon vorher, vor allem mit den Kindern, so gut sie es neben ihrem eigenen Job schaffte. Als sie begann, ihre Urlaubstage zu nehmen, um die Kinder zu betreuen, konnte ich ihre Hilfe nicht weiter annehmen. Zumindest nicht in diesem Rahmen. Ich stellte sie ein, weil ich wollte, dass sie ihren Urlaub zur Erholung nutzte. Meine Mutter einzustellen, fühlte sich erstaunlich natürlich an. Vielleicht weil wir seit jeher dieser enge Familienverbund sind. Anders war es, als ich die erste fremde Person einstellte. Also jemanden, der sich bei uns beworben hatte, mit dem wir Bewerbungsgespräche und Gehaltsverhandlungen geführt und für den wir uns letztendlich aufgrund seiner Qualitäten entschieden hatten. Das fühlte sich nach Verantwortung an. Ich wusste, wir brauchten das Personal, weil wir allein nicht mehr in der Lage waren, die Arbeit zu stemmen. Ich wusste, dass das ein gutes Zeichen war, schließlich bedeutete es Wachstum. Ich wusste aber auch, dass Wachstum mehr Verantwortung bedeutet. Verantwortung für Menschen, die nicht zur Familie gehören, die demnach auch andere Ansprüche an mich stellten. Ich hatte keine Vorstellung davon, wie groß wir einmal werden würden, und mit jeder Teamerweiterung schob ich die Gedanken daran beiseite. Ich bin mir meiner Verantwortung als Arbeitgeberin vollends bewusst. Aber sie ist kein Thema, das mich täglich beschäftigt. Das darf sie auch gar nicht sein, denn dann würde ich unter ihrer Last zusammenbrechen. Mein Selbstschutz hält mich davon ab, denn wenn ich mir wirklich und zu jeder Zeit darüber klar wäre, dass letztendlich alles auf meinen Schultern lastet, dann würde mich das vielleicht überrollen. Deshalb machen wir lieber einfach weiter. Und immer, wenn es ein Problem gibt, kümmern wir uns darum. Verantwortung ist meiner Meinung nach etwas, das Handlung erfordert. Und keine Schreckensszenarien.

Und die Vision für mein eigenes Leben? Wie gesagt, ich habe keine konkreten Pläne, aber etwas, das man vielleicht als Ziele definieren könnte. Das größte ist wohl, die Kinder abzusichern. Am Ende des Tages weiß ich ziemlich genau, wofür ich all das mache, was ich eben mache. Nämlich für sie. Ich träume davon, ihnen so viel wie möglich von der Welt zu zeigen, bevor sie sie auf eigene Faust erkunden wollen. Wenn ich das geschafft habe, dann ist mein anderes Ziel, mehr Zeit für mein Privatleben zu haben. Ich habe die Vision meiner Zukunft in völliger Normalität. Ja, mein Leben ist auch jetzt an den meisten Tagen sehr gewöhnlich und ja, ich stehe für die unabhängige, alleinerziehende Frau ein, die ich bin. Doch manchmal träume ich eben doch von dem, was die meisten als

Normalität ansehen: dass ich einen geregelten Tagesablauf habe, der wenige Überraschungen birgt. Dass ich abends für meine Familie koche und wir uns beim gemeinsamen Abendessen von unserem Tag erzählen. Dass da doch wieder ein Partner an meiner Seite und an der Seite der Kinder ist. Der mich immer wieder daran erinnert, das Handy auch einmal aus der Hand zu legen. Fakt ist: Man verpasst etwas, wenn man das Handy immer dabeihat. Wenn man auf einem Konzert Fotos oder Videos macht, erlebt man für diesen Moment das Konzert nur über das Display seines Smartphones. In dieser Zeitspanne fühlt es sich nicht nach einer Liveerfahrung an, sondern als würde man einen Mitschnitt auf YouTube schauen. Vergleichbar ist es, wenn man seinen Alltag mitfilmt. In manchen Momenten ist man so sehr damit beschäftigt, einen guten Ausschnitt oder eine interessante Perspektive zu finden, dass man den wirklich wichtigen Moment verpasst. Ich habe immer wieder Impulse, das Handy wegzulegen, um offline voll im Moment zu sein. Dennoch habe ich jedes Mal eine innere Unruhe, wenn ich etwas nicht mitfilme, was eigentlich guter Content wäre. Oder etwas, das ich an sich gern teilen würde. Ich fühle eine innere Zerrissenheit in solchen Momenten und es würde mir wohl helfen, wenn mir jemand von außen sagt, dass es okay ist, auch einmal nichts zu begleiten. Weil man jetzt einfach nur den Moment genießen will. Weil jetzt unser privates Leben stattfindet.

Ich habe dieses Buch zum Anlass genommen, einen Blick zurückzuwerfen. Etwas, das ich in meinem Alltag nicht so häufig tue.

Events, große Veränderungen oder maßgebliche Entscheidungen und deren Auswirkungen hallen bei mir immer nach. Ich nehme mir dann auch die Zeit, das Geschehene zu reflektieren. Aber die gesamten vergangenen zehn Jahre auf einmal? Das ist eine Mammutaufgabe, die man nicht eben zwischen Büro, Mittagessen kochen und Kooperation posten macht. Es geht nicht nur darum, mich zu erinnern, mir mein Leben anzuschauen und aufzuschreiben, was alles passiert ist. Es geschieht von allein, dass ich außerdem meine Biografie an manchen Stellen ganz neu bewerte. Oder dass alte Gefühle aufkommen, von denen ich gedacht hätte, sie seien längst verebbt. Mich zurückzubegeben an einzelne Stellen meines Lebens, ist ein schönes Unterfangen, denn Nostalgie ist ein warmes Gefühl. Man darf aber nicht unterschätzen, wie einnehmend eine solche Reise sein kann und wie lange sie dauert. Dass ich meine Geschichte erstmals erzählt und notiert habe, liegt nun fast vier Monate zurück und noch immer hallen die Erinnerungen nach. Bis dieses Buch erscheint, werden noch mal Monate vergehen und auch die Veröffentlichung wird wieder Nostalgie hervorrufen und Erinnerungen wecken. Die eigene Geschichte ist nichts, was jemals abgeschlossen ist.

Ich finde die Frage, ob ich stolz auf mich bin, nicht leicht zu beantworten. Weil es mir schwerfällt, mich selbst zu loben. Erhalte ich ein Lob, winke ich ab oder gebe es umgehend zurück. Doch jetzt ist da niemand anderes, der oder die mir diese Frage stellt. Sondern nur ich. Und ich will von mir wissen: Karo, bist du stolz auf dich?

Vielleicht hilft es, eine alte Bekannte mit an den Tisch zu holen. Denn eines weiß ich: Wenn mein Ich von vor zehn Jahren mich heute sehen könnte, würde sie sagen: „Ich bin stolz auf dich. Schau doch nur, wie weit wir gekommen sind." Sie hätte wohl Tränen in den Augen, weil sie all das nicht fassen könnte. Und dann würde uns noch eine zweite Freundin besuchen: mein zukünftiges Ich von in zehn Jahren. Auch sie würde nicken, den Arm um mich legen und sagen: „Schau, wie sich dein Mut ausgezahlt hat. Du bist stark geblieben in Situationen, in denen andere aufgegeben hätten. Du hast weitergemacht, immer positiv in die Zukunft geschaut. Vor allem hast du nie den Glauben an das Gute verloren." Und ja, dann kann ich es auch sehen.

Ich glaube, dieses Buch hat mir geholfen, stolz auf mich zu sein. Während der Arbeit daran überrollt mich immer wieder ein gewaltiges Gefühl von Glück. Was ich erreicht habe, ist nicht selbstverständlich. Wie unabhängig und selbstbewusst ich bin, ist nicht selbstverständlich. Wie ich hier sitze und mir denke, dass es mir an nichts fehlt, ist nicht selbstverständlich.

Ich weiß nicht, was die Zukunft bringt, und ich bin froh, es nicht zu wissen. Weil ich es lieber herausfinden will.

The rest is still unwritten …

Danksagung

Ohne Euch kein Wir. Und schon lange kein Ich. Denn ohne euch hätte es dieses Buch wohl niemals gegeben. Ich danke meiner Familie, meinen Eltern und insbesondere meiner Mama, die mir Tag und Nacht mein Fels in der Brandung sind. Sie haben mir all die richtigen Werte mitgegeben, niemals die Bodenhaftung zu verlieren und immer fleißig zu sein.

Danke an meine Kinder Sophie und Noah, meine Stütze, mein Halt, meine größten kleinen Fans. Sophie, Noah, wenn ihr dieses Buch irgendwann einmal lest, will ich, dass ihr wisst, dass alles, was ich erschaffen habe, für euch ist.

Ich danke Ben für die zehn Jahre unserer Beziehung und für die beiden wertvollsten Geschenke, die er mir hätte machen können.

Ein großer Dank geht an all meine Freunde, meinen Safe Space abseits von Social Media. Ihr seid meine Wegbegleiter! Besonderer Dank geht an Paul, mein Wegweiser, der an mich geglaubt hat, als ich den Glauben an mich verloren hatte. Danke für deine Unterstützung seit Tag 1!

Danke an meine KK Family, die mit mir an meinem Mädchentraum arbeiten und das Fashionlabel Tag für Tag, Stück für Stück mit harter Arbeit am Markt etablieren. Danke insbesondere auch an Benny, der mich mit seiner Ehrlichkeit, seiner Kreativität und seiner Loyalität einfach immer wieder beeindruckt. Danke an Simona, die im Hintergrund mein Mädchen für alles ist.

Danke an meine Influencerkolleg:innen, die mich unterstützen und ihr Glück mit anderen teilen und auch mit mir auf der langen Reise geteilt haben.

Ich bin dankbar für alle Höhen und Tiefen, jedes Scheitern, jede Enttäuschung, weil genau sie mich jedes Mal hat über mich hinaus wachsen lassen.

Und zu guter Letzt danke ich dem Schicksal. Dass ich doch auch so viel Glück in meinem Leben hatte, zum richtigen Zeitpunkt am richtigen Ort zu sein und nun das zu tun, was mich bis heute erfüllt.

ZU DER AUTORIN

Vor zehn Jahren startete **Karo Kauer** ihre Karriere mit Selfies vor dem Spiegel und erreicht heute als erfolgreiche Content Creatorin über eine halbe Millionen Fans auf Instagram, die sie mit ihrer bodenständigen Art begeistert. 2020 gründete die zweifache Mutter ihr Fashion Label und vertreibt online sowie in ihrem Store moderne Mode, die für Ungezwungenheit und Selbstbewusstsein steht.

© Sebastian Knoth

IMPRESSUM

Projektleitung: *Tom Mathony*
Texte: *Karo Kauer mit Nina Dias da Silva*
Lektorat & Satz: *Rotkel. Die Textwerkstatt*
Umschlaggestaltung: *31Media GmbH, Stephanie Willing*
Coverfoto: *Denise Delles*
Herstellung: *Frank Jansen*
Producing: *Jan Russok*
Druck & Bindung: *GGP Media GmbH, Pößneck*

Alle Rechte vorbehalten. All rights reserved. Das Werk darf — auch teilweise — nur mit Genehmigung des Verlags wiedergegeben werden.

1. Auflage 2024
© 2024 Edel Verlagsgruppe GmbH
Kaiserstraße 14 b
D–80801 München
ISBN: 978-3-96584-396-7

MIX
Papier | Fördert gute Waldnutzung
FSC® C014496
www.fsc.org

LIEBE LESERINNEN, LIEBE LESER

wie schön, dass Sie ein Buch von ZS in den Händen halten. „Jetzt leben!" ist das Motto unseres Verlages. Es steht für Inspiration und Genuss, Unterstützung und Motivation. Ob Gesellschaft und Politik oder Gesundheit und Kulinarik bieten wir inspirierende Sachbücher, die aktuelle Themen weiter denken. Unsere Autorinnen und Autoren sind Menschen, die zu ihrem Thema wirklich etwas zu sagen und zu schreiben haben.

UNSER VERLAGSHAUS

Mit Standorten in Hamburg und München zählt die Edel Verlagsgruppe zu den größten unabhängigen Buchanbietern Deutschlands. Zur Gruppe gehören die Verlage Dr. Oetker Verlag, Edel Sports, KARIBU und ZS.

ZS – Ein Verlag der Edel Verlagsgruppe
🌐 www.zsverlag.de
🅕 www.facebook.com/zsverlag
📷 www.instagram.com/zsverlag

DAMN, YOU LOOK GOOD!

Vom Fitnessidol zum echten Ich

**Sophia Thiel
Come back stronger**

ISBN 978-3-96584-089-8

Sophia Thiels ehrliches Bekenntnis

**Jetzt überall,
wo es gute Bücher gibt.**